职业院校计算机应用专业课程改革成果教材

图形图像处理——
Photoshop CS5

Tuxing Tuxiang Chuli —— Photoshop CS5

主编 温 晞

副主编 洪 波 郭晓花

U0116390

高等教育出版社·北京

HIGHER EDUCATION PRESS　BEIJING

内容提要

　　本书是职业院校计算机应用专业课程改革成果教材，根据广东省"中等职业学校计算机应用专业教学指导方案"的要求编写而成。

　　本书是指导初学者使用 Photoshop CS5 中文版的入门书籍。各单元内容以介绍案例为主，主要内容包括认识 Photoshop CS5、图像的选取、图像的编辑及修饰、图像的色彩调整、图形绘制及绘画、背景及特效的制作、文字及效果、Photoshop CS5 的其他功能和综合案例。本书全面介绍该软件的基本操作方法和图形图像处理技巧，突出培养学生二维平面图形图像处理的综合能力和设计思维，为后续的专业课程如多媒体、网页设计、软件开发等奠定图像处理和界面设计基础。

　　本书配套学习卡网络教学资源，使用本书封底所赠的学习卡，登录 http://sve.hep.com.cn，可获得相关资源。

　　本书可以作为职业院校"图像处理"与"平面设计"课程的教材，也适合 Photoshop 图像处理爱好者及平面设计、广告设计、网页制作、插画设计、包装设计、影视动漫等领域的工作人员阅读，同时也可作为各类培训班学员的参考用书。

图书在版编目（CIP）数据

图形图像处理：Photoshop CS5/温晞主编. —北京：高等教育出版社，2011.8

ISBN 978-7-04-032906-3

Ⅰ．①图…　Ⅱ．①温…　Ⅲ．①图像处理软件，Photoshop CS5-中等专业学校-教材　Ⅳ．① TP391.41

中国版本图书馆 CIP 数据核字（2011）第 150577 号

策划编辑　俞丽莎	责任编辑　俞丽莎	封面设计　张　志	版式设计　马敬茹
责任校对　俞声佳	责任印制　毛斯璐		

出版发行　高等教育出版社　　　　　　　咨询电话　400-810-0598
社　　址　北京市西城区德外大街 4 号　　网　　址　http://www.hep.edu.cn
邮政编码　100120　　　　　　　　　　　　　　　　 http://www.hep.com.cn
印　　刷　北京市大天乐印刷有限责任公司　网上订购　http://www.landraco.com
开　　本　787 mm×1092 mm　1/16　　　　　　　　　 http://www.landraco.com.cn
印　　张　19.5　　　　　　　　　　　　　版　　次　2011 年 8 月第 1 版
字　　数　480 千字　　　　　　　　　　　印　　次　2011 年 8 月第 1 次印刷
购书热线　010-58581118　　　　　　　　定　　价　49.80 元

本书如有缺页、倒页、脱页等质量问题，请到所购图书销售部门联系调换

前　　言

　　本书是职业院校计算机应用专业课程改革成果教材，根据广东省"中等职业学校计算机应用专业教学指导方案"编写而成。

　　信息数字化时代，各种技术飞速发展，使得平面制作及创作方式发生了巨大变化。Photoshop CS5 是 Adobe 公司推出的最新产品，具有强大的图像处理功能，为使用者提供无限的创意空间。本书的编者长期工作在教学与教研的第一线，他们具有丰富的教学实践经验与软件实际应用经验，总结出一套容易让学生接受的任务驱动式教学方法，从而提高教学的效率和质量，更好地满足教学的需要。

　　全书共分 9 个单元，每个单元均由"案例"导入，包括"学习目标"、"实战演练"、"知识提要"、"实训练习"等模块。所选的实例具有一定的代表性，实例展示包含效果、知识点、实现步骤和知识拓展等内容，内容由浅入深、由易到难、循序渐进，实用性和技巧性相结合。体现先"行"后"知"的教学思想，学生通过实例操作，在实践中理解、掌握知识点，不但能够快速入门，也可以达到较高的操作水平。

　　使用本书进行教学时可以参考下列建议。

　　（1）课时分配表

单　元	单 元 名 称	课 时 数
单元 1	认识 Photoshop CS5	4
单元 2	图像的选取	8
单元 3	图像的编辑及修饰	6
单元 4	图像的色彩调整	6
单元 5	图形绘制及绘画	8
单元 6	背景及特效的制作	6
单元 7	文字及效果	8
单元 8	Photoshop CS5 的其他功能	8
单元 9	综合案例	8
总课时数		62

　　（2）建议每个教学课时(45 分钟 / 课时)的讲授时间为 15~20 分钟，学生操作练习时间为 25~30 分钟，上机操作时间应不少于全部课时的 60%。

　　（3）授课时应采用一体化教学模式，以学生为中心，让学生多操作、多实践，在实践中提高操作能力以及分析问题与解决问题的能力。

　　本书由温晞担任主编，洪波和郭晓花担任副主编，杨岚、巩彦飞参编，其中，单元1、单元9任务4由巩彦飞编写；单元2由李育芝、郭晓花编写；单元3和单元7由周菁秀编写；单元4和单元9任务1、任务5由洪波编写；单元5和单元8由温晞编写；单元6和单元9任务3由杨岚编写。单元9任务2由郭晓花编写。本书由广州轻工职业技术学院李洛教授担任主审。在本书的编写过程中，还得到了力富视频科技有限公司的大力支持，在此一并表示衷心的感谢。

　　本书配套学习卡资源，使用本书封底所赠的学习卡，登录 http://sve.hep.com.cn，可获得相关资源。详细说明请参见书末"郑重声明"页。本书所使用的相关资料只用于教学，不应用于商业用途。

　　由于编写时间仓促，加之计算机技术的发展日新月异，书中不足和疏漏之处在所难免，敬请广大专家和读者不吝赐教。编者联系电子邮箱：3075296@qq.com。

编者

2011 年 6 月

目　　录

单元 1　认识 Photoshop CS5 ··· 1
　任务 1　Photoshop CS5 的基本操作 ·· 1
　任务 2　用 Adobe Bridge 管理文件 ·· 14
　任务 3　新功能介绍 ··· 17
　任务 4　图层的概念及简单应用 ·· 23

单元 2　图像的选取 ··· 28
　任务 1　使用选框工具创建规则选区 ·· 28
　任务 2　使用套索工具创建不规则选区 ··· 33
　任务 3　快速选择工具创建选区 ·· 39
　任务 4　使用快速蒙版创建选区和细化选区 ··· 43
　任务 5　路径选取 ·· 54
　实训 ·· 58

单元 3　图像的编辑及修饰 ··· 61
　任务 1　图像的编辑——美化写字台 ·· 61
　任务 2　图像的修复——修复旧照片 ·· 74
　任务 3　图像的校正——校正"倾斜塔"照片 ··· 81
　实训 ·· 91

单元 4　图像的色彩调整 ·· 93
　任务 1　色调的调整——调整人物照片色调 ·· 93
　任务 2　颜色与通道——修饰婚纱照片 ··· 99
　任务 3　颜色的调整——调整风景颜色 ··· 112
　实训 ·· 128

单元 5　图形绘制及绘画 ·· 129
　任务 1　简单图案的绘制——绘制光盘 ··· 129
　任务 2　插画的绘制——绘制彩虹下的小朋友 ··· 141
　任务 3　矢量图案的绘制——绘制美丽小鸟 ··· 162
　实训 ·· 172

单元 6 背景及特效的制作 ·· 174

　任务 1 利用图层样式制作特效——制作缤纷花朵 ······················· 174

　任务 2 图层的混合模式——制作化妆品海报 ··························· 192

　任务 3 滤镜的使用——制作绚丽夺目的滤镜特效 ······················· 202

　实训 ··· 223

单元 7 文字及效果 ··· 224

　任务 1 文字的输入——巧用横排文字工具美化页面 ······················· 224

　任务 2 特效文字——制作"冰爽冷饮"特效 ··························· 228

　任务 3 路径文字——巧用文字特效制作生日蛋糕 ······················· 239

　实训 ··· 244

单元 8 Photoshop CS5 的其他功能 ······································· 245

　任务 1 自动批处理图像 ··· 245

　任务 2 制作全景图 ·· 248

　任务 3 分割图片 ··· 252

　任务 4 制作 3D 文字 ··· 257

单元 9 综合案例 ··· 266

　任务 1 手机广告设计 ·· 266

　任务 2 化妆品包装设计 ··· 276

　任务 3 "点播系统"软件界面设计 ··································· 290

　单元小结 ··· 305

单元 1

认识 Photoshop CS5

Photoshop 是应用最广泛的图像编辑软件之一，不论是平面设计、3D 动画、数码艺术、网页制作、矢量绘图、多媒体制作还是桌面排版，Photoshop 在每个领域都发挥着作用。本单元主要介绍 Photoshop CS5 的工作界面、工具箱、面板和菜单命令的使用方法，以及 Photoshop CS5 的一些新增功能。

任务 1　Photoshop CS5 的基本操作

【学习目标】

- Photoshop CS5 的工作界面
- Photoshop CS5 的基本操作
- 查看图像和辅助工具的使用
- 图像存储的格式

【实战演练】

通过使用 Photoshop CS5 提供的工具对图像素材进行简单处理，组合成美丽的图画，如图 1-1-1 所示。

图 1-1-1　效果图

1. 启动 Photoshop CS5

运行 Photoshop CS5，Photoshop CS5 的界面如图 1-1-2 所示。

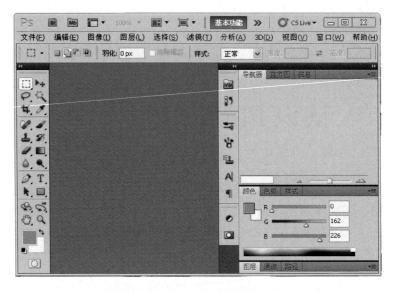

图 1-1-2　Photoshop CS5 的界面

2. 新建图像文件

执行"文件→新建"命令，或按下 <Ctrl+N> 快捷键，打开"新建"对话框，如图 1-1-3 所示，在该对话框中输入文件的名称"海边小屋"，设置"图像大小"，宽度设为 595 像素，高度设为 353 像素，颜色模式选择"RGB 颜色"，"背景内容"选择"白色"。单击"确定"按钮，即可创建一个空白文件，如图 1-1-4 所示。

> 注意：预设→大小：提供了各种尺寸的照片、Web、各种打印纸张、胶片和视频等常用的文档尺寸预设。例如，要创建一个 A4 的文档，可以先在"预设"下拉列表中选择"国际标准纸张"，如图 1-1-5 所示，然后在"大小"下拉列表中选择"A4"，如图 1-1-6 所示。

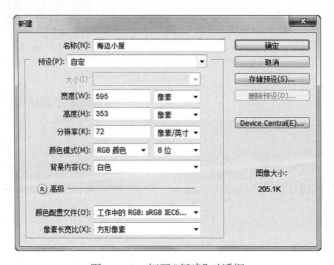

图 1-1-3　打开"新建"对话框

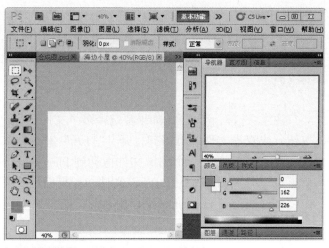

图 1-1-4　图像编辑窗口

图 1-1-5　打开"预设"下拉列表

图 1-1-6　选择纸型

3. 打开文件

执行"文件→打开"命令,或按下 <Ctrl+O> 快捷键,可以弹出"打开"对话框,在"查找范围"列表框中选择"新建文件夹",然后单击图像文件"蓝天白云.jpg",单击 打开(O) 按钮,打开图像文件。

> 注意:选择一个文件(如果要选择多个文件,可按住 <Ctrl> 键依次单击它们),单击"打开"按钮,或双击文件即可将其打开,"打开"对话框如图 1-1-7 所示。在没有运行 Photoshop 的情况下,只要将一个图像文件拖动到 Photoshop 应用程序图标 Ps 上,如图 1-1-8 所示,就可以运行 Photoshop 并打开该文件。如果已运行 Photoshop,则可在 Windows 资源管理器中将文件拖动到 Photoshop 窗口中打开,如图 1-1-9 所示。

图 1-1-7 "打开"对话框

4. 使用工具

(1)单击工具箱的移动工具▶︎⊹,选择"蓝天白云.jpg"图像文件,按下鼠标左键拖曳图像到文件"海边小屋"中,移动到合适的位置,如图 1-1-10 所示。

> 注意:利用移动工具▶︎⊹,将一个图像文件的图拖曳到另一个图像文件中,可以实现图像的复制。

图 1-1-8　快捷方式打开文件①

图 1-1-9　快捷方式打开文件②

　　同样，打开素材"向日葵小屋树 .psd"，将图像拖曳到文件"海边小屋"中，并移动到合适的位置。效果如图 1-1-11 所示。

图 1-1-10 效果图①

图 1-1-11 效果图②

注意：复制一个图像，"图层"调板会自动增加一个图层。一个图层像一张透明的纸，新增一个图层像在原有的纸上增加一张透明纸，对其他图层没有影响。新增图层如图 1-1-12 所示。

（2）打开素材文件"海鸥 .psd"，单击工具箱内的"移动"工具 ，选择图像文件，按下鼠标左键拖曳图片到文件"海边小屋"中，执行"编辑→变换→缩放"命令，将海鸥缩放到合适大小，并移动到合适的位置。效果如图 1-1-13 所示。

图 1-1-12　效果图③

图 1-1-13　效果图④

5. 文件保存

执行"文件→存储"命令，或按下 <Ctrl+S> 快捷键，弹出"存储为"对话框，如图 1-1-14 所示。在"保存在"列表框中选择要存储的文件夹，文件名与格式按默认值处理。单击 保存(S) 按钮。

注意：PSD 是 Photoshop 的默认文件格式，它支持所有图像类型。

注意及时保存文件，避免因意外情况造成损失。在编辑过程中可以随时按下 <Ctrl+S> 快捷键保存文件。

图 1-1-14 "存储为"对话框

6. 关闭文件

完成图像的编辑，可以采用以下方式关闭文件。

（1）关闭当前文件。执行"文件→关闭"命令，或按下 <Ctrl+W> 快捷键，或者单击文件窗口右上角的 ⊠ 按钮，如图 1-1-15 所示，可以关闭当前的图像文件。

（2）关闭全部文件。如果在 Photoshop 中打开多个文件，可以执行"文件→关闭全部"命令，关闭所有文件。

（3）退出程序。执行"文件→退出"命令，或者单击程序窗口右上角的按钮 [×]，可关闭文件并退出 Photoshop。如果有文件没有保存，会弹出一个对话框，询问用户是否保存文件。

【知识提要】

1. Photoshop CS5 窗口介绍

（1）了解工作界面组件

Photoshop CS5 的工作界面中包含程序栏、菜单栏、文档窗口、工具箱、工具选项栏以及调板等组件，如图 1-1-16 所示。

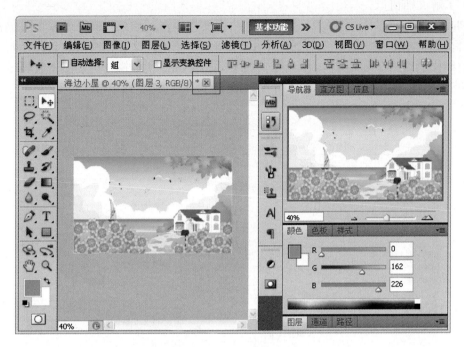

图 1-1-15　关闭当前文件

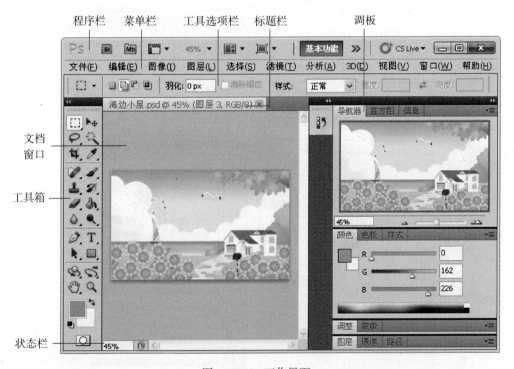

图 1-1-16　工作界面

（2）了解文档窗口

在 Photoshop 中打开一个图像，便会创建一个文档窗口。如果打开另外多个图像，则各个文档窗口会以选项卡的形式显示。如图 1-1-17 所示。单击一个文档窗口的名称，即可将其设置为当前操作的窗口，如图 1-1-18 所示。按下 <Ctrl+Tab> 快捷键，可按照先后顺序切换文档窗口，按下 <Ctrl+Shift+Tab> 快捷键，可按照相反的顺序切换文档窗口。

图 1-1-17　文档窗口的选择

图 1-1-18　当前操作的窗口

单击一个文档窗口的标题栏并将其从选项卡中拖出，该文档窗口便成为可以任意移动位置的浮动窗口（拖动标题栏可以进行移动），如图 1-1-19 所示，拖动浮动窗口的一个边角可以调整窗口的大小。将一个浮动窗口的标题栏拖动到选项卡中，当出现蓝色横线时放开鼠标，该窗口就会停放到选项卡中。

图 1-1-19 浮动窗口的移动

如果打开的图像数量较多，选项卡中不能显示所有文档，可单击它右侧的双箭头图标，在打开的下拉列表中选择需要的文档，如图 1-1-20 所示。

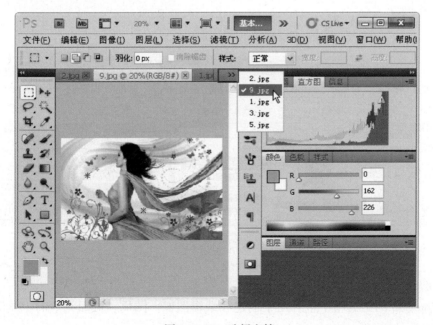

图 1-1-20 选择文档

在选项卡中水平拖动各个文档名称，可以调整它们的排列顺序，如图 1-1-21 所示。

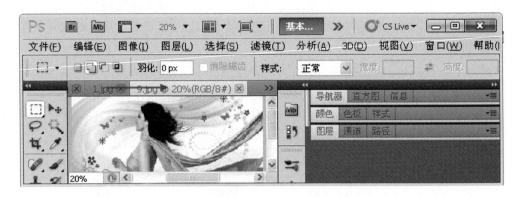

图 1-1-21　排列文档窗口

单击一个文档窗口右上角的按钮 ⊠，如图 1-1-22 所示，可以关闭该窗口，可以在一个文档的标题栏上右击，在弹出的快捷菜单中选择"关闭全部"命令，如图 1-1-23 所示。

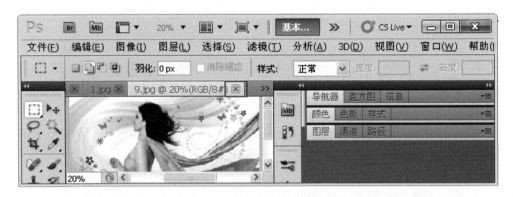

图 1-1-22　关闭窗口

图 1-1-23　"关闭全部"命令

（3）了解工具箱

Photoshop CS5 的工具箱中包含用于创建和编辑图像、图稿、页面元素的工具和按钮，如

图 1-1-24 所示。这些工具分为 7 组，如图 1-1-25 所示。单击工具箱顶部的双箭头 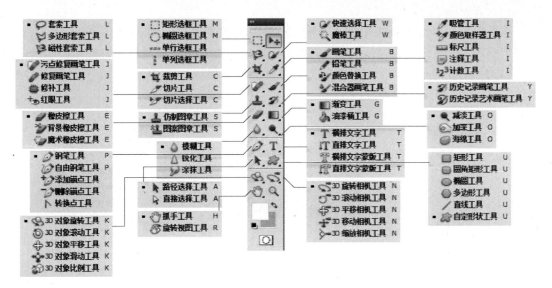，可以将工具箱切换为单排（或双排）显示。单排工具箱可以为文档窗口让出更多的空间。

图 1-1-24 双排工具箱

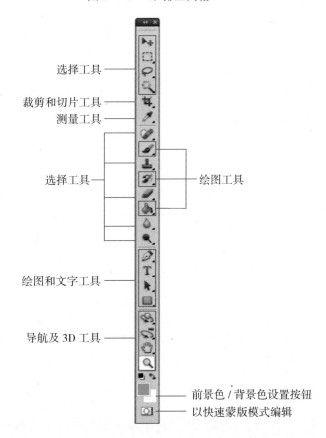

图 1-1-25 单排工具箱

① 移动工具箱。默认情况下，工具箱停放在窗口左侧。将光标放在工具箱顶部双箭头  右侧，单击并向右侧拖动鼠标，可以将工具箱从停放处拖出，放在窗口的任意位置。

② 选择工具。单击工具箱中的某一个工具即可选择该工具，如图 1-1-26 所示。右下角带有三角形图标的工具表示这是一个工具组，在这样的工具上按住鼠标左键显示隐藏的工具，如图 1-1-27 所示；将光标移动到隐藏的工具上然后放开鼠标，即可选择该工具，如图 1-1-28 所示。

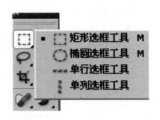

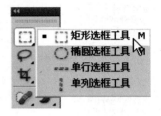

图 1-1-26　选择工具箱　　　图 1-1-27　选择工具箱　　　图 1-1-28　选择工具箱

任务 2　用 Adobe Bridge 管理文件

【学习目标】

- Adobe Bridge 操作界面
- 在 Bridge 中浏览图像
- 在 Bridge 中打开文件
- 在 Bridge 中预览动态媒体文件
- 通过关键字快速搜索图片

【实战演练】

Adobe Bridge 是 Adobe Creative Suite 5 附带的组件，它可以组织、浏览和查找文件，创建供印刷、Web、电视、DVD、电影及移动设备使用的内容，并可以轻松访问原始 Adobe 文件（如 PSD 格式和 PDF 格式）以及非 Adobe 文件。

1. 在 Bridge 中浏览图像

运行 Adobe Bridge 后，单击窗口右上角的倒三角按钮 ，可以选择"胶片"、"元数据"和"输出"等命令，以不同的方式显示图像，如图 1-2-1 所示。

在任意一种窗口下，拖动窗口底部的三角滑块，可以调整图像的显示比例；单击 按钮，可在图像之间添加网格；单击 按钮，以缩略图的形式显示图像；单击 按钮，可显示图像的详细信息，如大小、分辨率、照片的光圈、快门等；单击 按钮，则以列表的形式显示图像。

2. 在 Bridge 中打开文件

在 Bridge 中选择一个文件，双击即可在其原始应用程序或指定的应用程序中打开。例如，双击一个图像文件，可以在 Photoshop 中打开它；如果双击一个 AI 格式的矢量文件，则会在

图 1-2-1　在 Bridge 中浏览图像

Illustrator 中打开它。如果要使用其他程序打开文件，可以在"文件→打开方式"下拉菜单中选择程序。

3. 在 Bridge 中预览动态媒体文件

在 Bridge 中可以预览大多数视频、音频和 3D 文件，包括计算机上安装的 QuickTime 版本支持的大多数文件。

在内容面板中选择要预览的文件，即可在预览面板中播放该文件。单击暂停按钮可暂停播放；单击循环按钮可以打开或关闭连续循环；单击音量按钮并拖动滑块可以调节音量。

4. 通过关键字快速搜索图片

面对越来越多的图片和照片，如何快速找到它们呢？可以按以下步骤完成查找。

（1）为重要的文件添加关键字，以后可以通过关键字来搜索。首先在 Bridge 中导航到文件所在的文件夹，单击"输出"选项右侧的 ▼ 按钮，在打开的下拉菜单中选择"关键字"，切换到该选项卡，选中一个文件，如图 1-2-2 所示。

（2）单击新建关键字按钮 ⊞，在显示的条目中输入关键字（可以多添加几个关键字），如图 1-2-3 所示；勾选关键字条目，如图 1-2-4 所示，完成关键字的指定。

（3）以后查找该图像时，在 Bridge 窗口右上角输入关键字"粉色"，然后按下回车键就可以找到，如图 1-2-5 所示。

图 1-2-2　关键字快速搜索图片

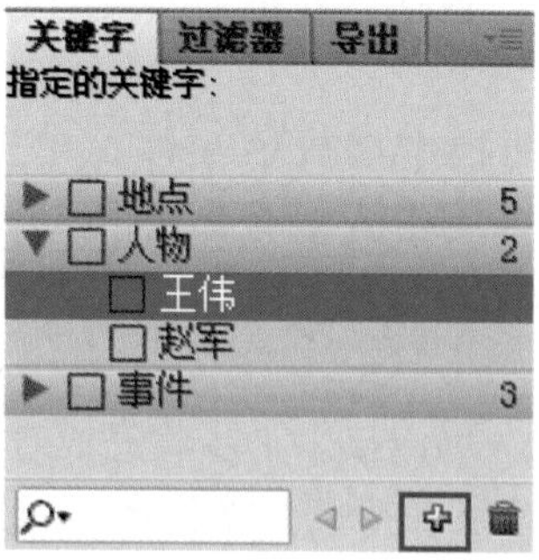

图 1-2-3　输入关键字

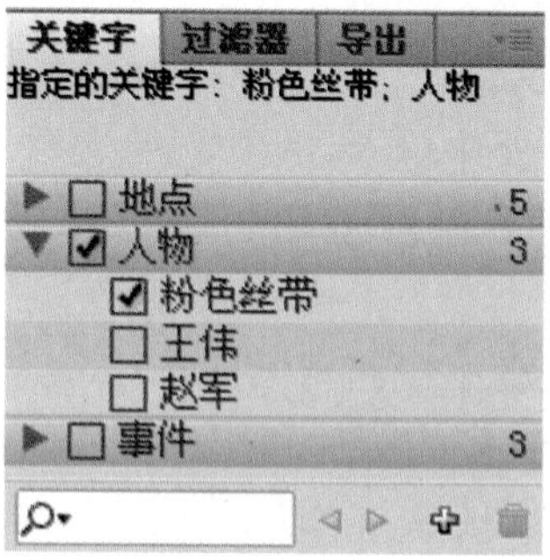

图 1-2-4　勾选关键字条目

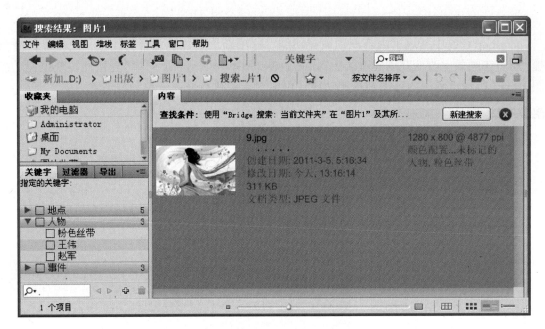

图 1-2-5　使用关键字查找"粉色"图片

任务 3　新功能介绍

【学习目标】

- Mini Bridge 面板
- 内容识别填充功能
- 操控变形功能
- HDP 色调
- 镜头校正滤镜
- 3D 功能
- 混合器画笔
- 选择性粘贴

【知识提要】

在 Photoshop CS5 版本中,新增了许多智能化的功能,下面对常用的新增功能进行详细介绍。

1. Mini Bridge 面板

Photoshop CS5 中新增了快速查找图片的 Mini Bridge 面板,在 Mini Bridge 面板中可以快速地对电脑中的目标文件进行查找。

运行 Photoshop CS5,单击标题栏上的"启动 Mini Bridge"按钮 ,即可在 Photoshop CS5 工作界面中打开"Mini Bridge"面板,如图 1-3-1 所示。在该面板中选择"浏览文件",可以直接打开需要编辑的图片,方便图像的查看与管理。

2. 内容识别填充功能

Photoshop CS5 中新增了内容识别填充功能。这项新增的功能非常智能化，同时操作简单、快捷。用户在画面上改变或创建选区后，如图 1-3-2 所示，执行该命令即可轻松地实现填充功能，如图 1-3-3 所示。利用内容识别填充功能，可以对对象进行修改、移动或清除。

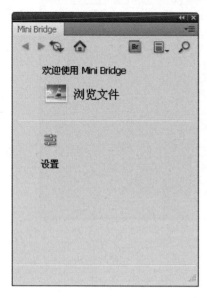

图 1-3-1 "Mini Bridge"面板

图 1-3-2 创建多余图像的选区

应用智能化的内容识别填充功能，在很大程度上方便了用户的操作，使图像的处理过程更加轻松，使图像的处理效果更加自然、完整，难以观察出有处理的痕迹，如图 1-3-4 所示。

图 1-3-3 执行"编辑→填充"命令

图 1-3-4 填充效果图

3. 操控变形功能

Photoshop CS5 中新增了操控变形命令，通过该命令可以拖动画面中的某个点使图像变形，并使图像变形更细致化，同时可以实现图像各种不同的变形效果，从而创建出在视觉上更具吸引力的图像。

　　执行菜单"编辑→操控变形"命令，即可在所选的图像对象上显示变形调节框，通过添加、调整节点对图像进行各种变形，如图 1-3-5~ 图 1-3-9 所示。

图 1-3-5　原图

图 1-3-6　执行操控变形命令

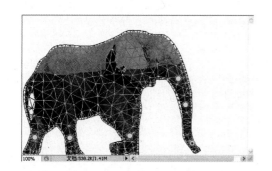

图 1-3-7　添加节点

图 1-3-8　调整节点

图 1-3-9　变形后的效果图

4. HDR 色调

　　过去制作 HDR 图像需要专门的插件或者独立软件才行，如今在 Photoshop CS5 中不仅可以使用多张不同曝光的图像来制作 HDR 图像，而且可以对单张图像进行 HDR 处理。通过执行"图像→调整→ HDR 色调"命令，可以制作 HDR 高动态效果，如图 1-3-10~ 图 1-3-12 所示。

图 1-3-10　原图

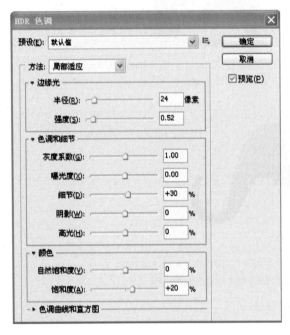

图 1-3-11　"HDR 色调"对话框

图 1-3-12　HDR 色调效果图

5. 镜头校正滤镜

Photoshop CS5 中的"镜头校正"滤镜从"扭曲"滤镜组中分离出来,成为一个独立的菜单命令。

通过对图像执行"滤镜→镜头校正"命令,可对失真、变形的图像进行精准的校正。

使用已安装的常见镜头的配置文件或自定义的其他型号的配置文件可快速地修复扭曲图像,自动校正镜头扭曲、色差和晕影从而节省时间。Photoshop CS5 使用图像文件的 EXIF 数据,并根据用户使用的相机和镜头类型做出精确调整。

6. 3D 功能

Photoshop CS5 在 3D 菜单中新增了"凸纹"命令,主要用于对创建选区或路径的图像内容进行 3D 建模。

打开"凸纹"对话框,如图 1-3-13 所示,用户可以根据自己的需要对 3D 模型进行预设模型、材质、膨胀等设置,使 3D 模型的创建与调整更便捷。

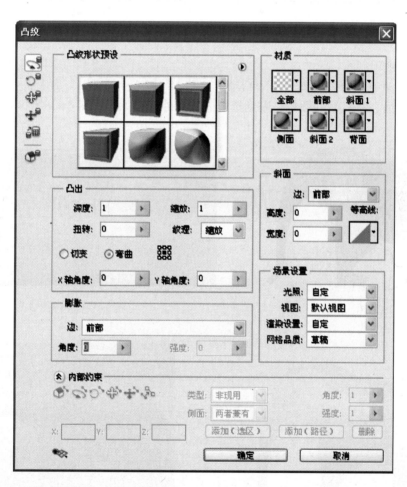

图 1-3-13 "凸纹"对话框

7. 混合器画笔

Photoshop CS5 画笔器工具组中新增了一个混合器画笔工具 ✏️。打开任意一张图片，在工具箱中选择混合器画笔工具 ✏️，在画面上进行涂抹，可以对画面中的图像进行颜色混合，如图 1-3-14、图 1-3-15 所示。

图 1-3-14　原图

图 1-3-15　混合图像颜色

8. 选择性粘贴

Photoshop CS5 在选择性粘贴菜单中新增了"贴入"和"外部粘贴"命令，可以分别实现在图像中创建选区后，将复制的图像粘贴到选取内部和外部，如图 1-3-16~ 图 1-3-19 所示。

图 1-3-16　原图 1

图 1-3-17　原图 2

图 1-3-18　贴入

图 1-3-19　外部粘贴

任务4　图层的概念及简单应用

【学习目标】

- 图层的概念
- 图层的类型
- 图层的移动
- 图层的重命名
- 图层的"不透明度"
- 图层的复制
- 图层的合并

【实战演练】

根据提供的素材，如图1-4-1（a）、（b）、（c）、（d）、（e）、（f）、（g）所示，完成图1-4-2所示效果。

（a）素材"1-4-1a.jpg"

（b）素材"1-4-1b.psd"

（c）素材"1-4-1c.psd"

（d）素材"1-4-1d.psd"

（e）素材"1-4-1e.psd"

（f）素材"1-4-1f.psd"   （g）素材"1-4-1g.psd"

图 1-4-1　素材

图 1-4-2　效果图

1. 打开文件

启动 Photoshop CS5，执行菜单"文件→打开"命令，在弹出的"打开"对话框中找到并选择素材文件"1-4-1a.jpg"，单击"打开"按钮，即可在 Photoshop CS5 中观察到"1-4-1a.jpg"图像，将该素材作为音乐海报的背景图像，如图 1-4-3 所示。

图 1-4-3 打开文件

2. 添加对象

依次打开图像素材"1-4-1b.psd"、"1-4-1c.psd"、"1-4-1d.psd"、"1-4-1e.psd"、"1-4-1f.psd"、"1-4-1g.psd",使用"工具箱"中的移动工具 ，将这些图像文件中的对象分别拖曳到"1-4-1a.jpg"图像中,调整各对象的基本位置,如图 1-4-4 所示。

图 1-4-4 添加对象

3. 重命名图层

在"图层"调板双击"图层 1",重命名为"爵士鼓"。用相同方法将其他图层分别进行重命名,如图 1-4-5 所示。

4. 移动图层

将"麦克风"图层用鼠标拖至"爵士鼓"图层下面,"男 1"图层拖至"男 2"图层上面,最终各图层关系,如图 1-4-6 所示。

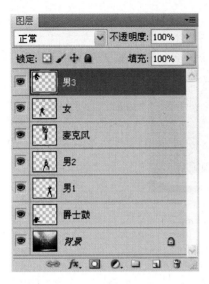

图 1-4-5　图层重命名

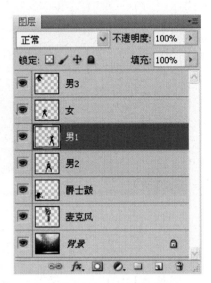

图 1-4-6　调整图层位置

5. 对齐图层对象

按下 <Ctrl> 键,用鼠标单击选择"男 1"、"男 2"、"女"三个图层,在工具选项栏右侧出现"对齐和分布图层"工具栏,单击"底对齐"按钮 ，如图 1-4-7 所示,即可将三个图层中的对象进行底部对齐。

6. 调整图层透明度

选择"男 3"图层,打开右上角"填充"滑块,将透明度调整至 30%,如图 1-4-8 所示。

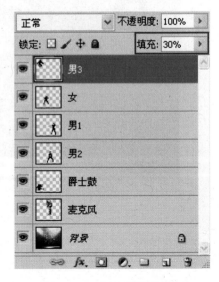

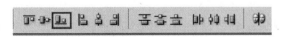

图 1-4-7　对齐图层对象

图 1-4-8　调整图层透明度

7. 复制图层

单击"男 3"图层，执行"图层→新建→通过拷贝的图层"命令，或按下 <Ctrl+J> 快捷键，生成"男 3 副本"图层，调整其对象位置，如图 1-4-9 所示。

8. 合并图层

选中除背景以外的全部图层，执行"图层→合并图层"命令，或按下 <Ctrl+E> 快捷键，将选中的图层合并为一个图层，如图 1-4-10 所示。保存文件。

最终达到图 1-4-2 所示效果。

图 1-4-9 复制图层

图 1-4-10 合并图层

单元 2

图像的选取

在开始使用 Photoshop 对图像进行处理时，会遇到许多需要调整的特定区域，这些区域称为"选区"选区是 Photoshop 的重要概念之一。选区都发挥了极其重要的作用。创建选区有多种方法，利用基本选框工具创建规则形状的选区，如椭圆、矩形等；创建不规则形状的选区，利用套索工具等；创建颜色的相似性选区，可用魔棒快速选择等工具。本单元主要介绍图像选区的创建，并介绍如何利用各种工具有针对性地进行图像选取。

任务 1   使用选框工具创建规则选区

【学习目标】

- 选区的创建，选区的相加、相减方法
- 选框工具的使用方法
- 使用选框工具创建规则选区

【实战演练】

在本案例中将使用选框工具创建图 2-1-1 所示的象棋棋盘，主要是介绍利用 Photoshop 选框工具建立选区的方法，以及对创建的选区进行修改设置。

（1）执行"文件→新建"命令，新建文件，设置如下：宽度为 20 厘米；高度为 18 厘米；分辨率为"72 像素/英寸"；颜色模式为"RGB 颜色"，背景内容为"白色"，如图 2-1-2 所示。

（2）打开素材文件"木纹 .jpg"，选择工具箱中的移动工具 ▶₊ 将素材图像拖动至新建文件中，如图 2-1-3 所示。

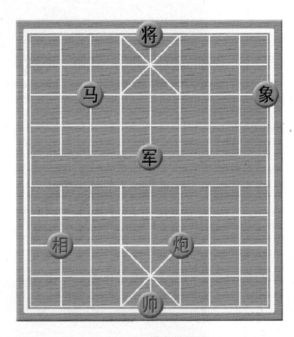

图 2-1-1   棋盘效果图

（3）在工具箱中选择矩形选框工具 ▢，在属性栏中设置图 2-1-4 所示的参数，绘制一矩形，显示标尺，将矩形选区移动到图像窗口垂直和水平 1 厘米处，效果如图 2-1-5 所示。

（4）选择工具箱中的矩形选框工具，在属性栏中选择 ▢ 按钮，在属性栏中设置图 2-1-6 所示的参数，使用矩形选框工具在图像中每相隔 2 厘米的位置单击一次鼠标，从旧选区中减去

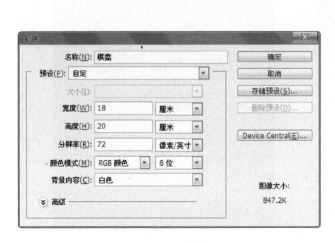

图 2-1-2　新建文件

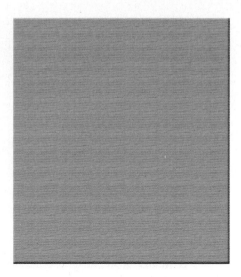

图 2-1-3　移动素材

图 2-1-4　矩形选框工具属性栏参数

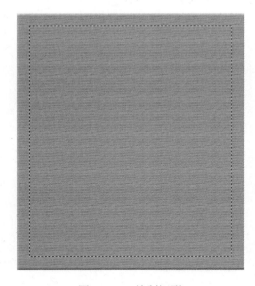

图 2-1-5　绘制矩形

图 2-1-6　属性栏参数

新的选区，如图 2-1-7 所示，效果如图 2-1-8 所示。用相同的方法创建纵方向的选区，属性栏中参数设置如图 2-1-9 所示，最终效果如图 2-1-10 所示。

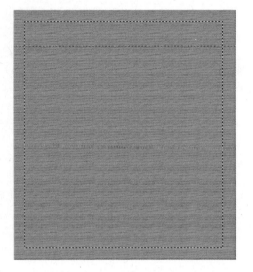

图 2-1-7 从旧选区中减去新的选区

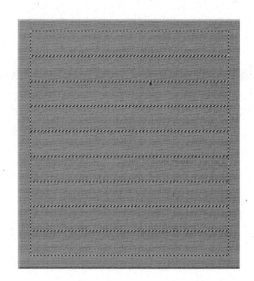

图 2-1-8 选区效果

图 2-1-9 设置属性栏参数

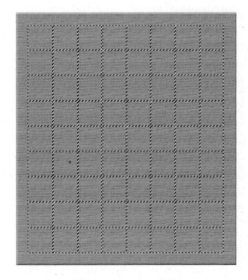

图 2-1-10 选区效果

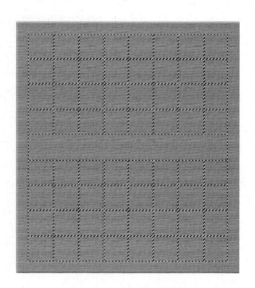

图 2-1-11 选区效果

（5）象棋棋盘中部有楚河汉界之分，在属性栏中选择按钮 ，从选区中减去中间的纵列线，效果如图 2-1-11 所示。

（6）新建"图层 2"，执行"编辑→描边"命令，为棋盘的横方向线进行白色描边。参数设置如图 2-1-12 所示，按 <Ctrl+D> 快捷键取消选区，效果如图 2-1-13 所示。

（7）选择矩形选框工具创建最外框的边线，如图 2-1-14 所示，新建"图层 3"，执行"编辑→描边"命令，参数设置如图 2-1-15 所示，效果如图 2-1-16 所示。

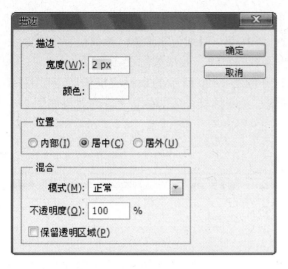

图 2-1-12　描边参数

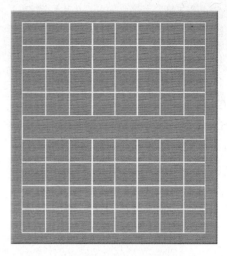

图 2-1-13　描边效果

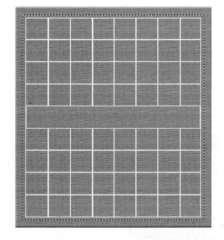

图 2-1-14　创建选区

图 2-1-15　描边参数

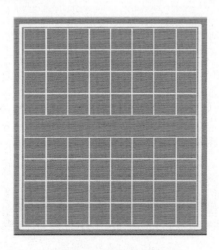

图 2-1-16　描边效果

图 2-1-17 直线工具

（8）选择工具箱中的直线工具 ，如图 2-1-17 所示，新建"图层 4"，在属性栏中选择 按钮，粗细为 3 像素，参数设置如图 2-1-18 所示，为棋盘绘制主将区域的斜线，效果如图 2-1-19 所示。

（9）添加棋子。打开图 2-1-20 所示的素材"棋子"，利用移动工具 将棋子拖动至棋盘，并调整至合适的位置，最终效果如图 2-1-21 所示。

图 2-1-18 直线工具属性

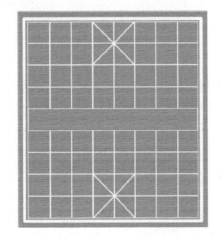

图 2-1-19 绘制主将区的线条

图 2-1-20 素材"棋子"

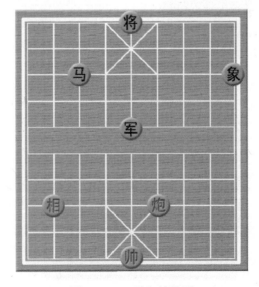

图 2-1-21 棋盘效果图

任务 2　使用套索工具创建不规则选区

【学习目标】

- 学会使用套索工具，灵活运用套索工具进行选区的选取
- 学会套索工具、多边形套索工具、磁性套索工具之间的差异
- 学会选用合适的工具进行选区的建立

【实战演练】

本案例中介绍各种套索工具的具体应用。根据提供的素材，如图 2-2-1、图 2-2-2 所示，完成图 2-2-3 所示效果。

在本案例中，主要介绍外景人物图像的选取，并进行合成的方法。这类图像在选取的时候，需要进行修补，以使人物选取比较准确。案例中需运用多边形套索工具、磁性套索工具与橡皮擦工具、魔棒工具。

图 2-2-1　素材"2-1.jpg"

图 2-2-2　素材"2-2.jpg"

图 2-2-3　效果图

（1）打开素材文件"2-2.jpg"，执行"图层→复制图层"命令或者按下 <Ctrl+J> 快捷键，将"背景"图层复制为"背景副本"，单击工具箱中的多边形套索工具，如图 2-2-4、图 2-2-5 所示。

（2）利用多边形套索工具 在素材文件"2-2.jpg"中进行人物的勾勒，建立选区，如图 2-2-6 所示。

（3）执行"选择→反向"命令，如图 2-2-7 所示。隐藏背景层，按 <Delete> 键，删除除人物选区外的其他选区，如图 2-2-8 所示，按 <Ctrl+D> 快捷键取消选区。

图 2-2-4 复制背景图层

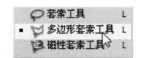

图 2-2-5 多边形套索工具

图 2-2-6 为人物建立选区

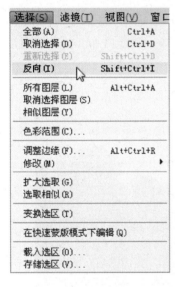

图 2-2-7 "反向"命令

图 2-2-8 删除背景

图 2-2-9 放大人物图像局部

（4）单击工具箱中的缩放工具 ，如图 2-2-9 所示，把人物图像局部放大，利用磁性套索工具 选择人物手臂旁边多余的图像，如图 2-2-10 所示，按 <Delete> 键删除选区，效果如图 2-2-11 所示。

（5）按住 <Ctrl> 键，单击图层的缩略图，如图 2-2-12 所示，为人物建立选区。打开素材文件 "2-1.jpg"，利用移动工具 把人物图像移到素材的跑道上，如图 2-2-13 所示。

（6）设置 "图层 1" 为当前工作图层，调整人物的位置，按 <Ctrl+T> 快捷键进行人物的自由变换，人物四周出现可以调控的节点，将光标放在定界框外靠近右上角节点处单击并拖动鼠标，将人物向右旋转 45°，接着按住 <Shift> 键并拖动右节点，将人物调整合适的大小，如图 2-2-14 所示，调整后效果如图 2-2-15 所示。

（7）设置 "图层 1" 为当前工作图层，按下 <Ctrl+J> 快捷键，复制 "图层 1" 为 "图层 1

图 2-2-10　选择选区

图 2-2-11　删除选区

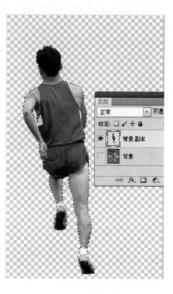
图 2-2-12　创建人物选区

图 2-2-13　移动人物图像

图 2-2-14　调整好大小位置

图 2-2-15　调整后效果

副本",将"图层1副本"置于"图层1"的下面,如图2-2-16所示。在"图层1副本"上按 <Ctrl+T> 快捷键,执行自由变换,在人物四周的节点处,按住 <Ctrl> 键,可以任意移动某一个节点,效果如图2-2-17所示。

图 2-2-16　复制图层

图 2-2-17　自由变换命令

(8)按住 <Ctrl> 键,单击"图层1副本"的缩略图,为其建立选区,执行"编辑→填充"命令,为选区填充黑色,按 <Ctrl+D> 快捷键取消选区,效果如图2-2-18所示。

(9)调整"图层1副本"的不透明度,如图2-2-19所示,最终效果如图2-2-20所示。

图 2-2-18　填充黑色

图 2-2-19　调整不透明度

图 2-2-20　最终效果图

【知识提要】

用于创建不规则选区的套索工具有：套索工具、多边形套索工具、磁性套索工具。

1. 套索工具 ◯.

套索工具 ◯.用于创建不规则选区，可徒手绘制，选区的形状由鼠标控制，一般用于大面积选取时使用，其属性栏如图 2-2-21 所示。

图 2-2-21　"套索工具"属性栏

用套索工具创建选区的方法是：在图像中按住鼠标左键不放，沿着图像的轮廓拖拉鼠标，类似铅笔手绘，如图 2-2-22 所示，当鼠标回到起始点附近时光标下会出现一个小圆圈，此时松开鼠标，封闭的选区将自动形成，如图 2-2-23 所示。

图 2-2-22　套索工具创建选区　　　　　　　图 2-2-23　选区

2. 多边形套索工具 ▽

多边形套索工具 ▽ 用于创建极为不规则的多边形选区，可以通过连续单击创建多边形选区，一般用于较复杂、棱角分明且边缘呈直线的图像中，其属性栏如图 2-2-24 所示。

图 2-2-24　"多边形套索工具"属性栏

用多边形套索工具创建选区的方法是：单击为起始点，沿图像的直边再单击另一点形成直线，如图 2-2-25 所示。依此类推，直到末端与起始点重合时单击形成选区，如图 2-2-26 所示。

3. 磁性套索工具 ▣

磁性套索工具 ▣ 是应用于图像或某一个单独图层中自动识别形状极其不规则的图形的套索工具，所以，图形与背景的反差越大，选取的精确度越高。其属性栏如图 2-2-27 所示。

• 宽度。检测反差的范围，设定的范围为 1~40 像素，系统将以当前光标所在的点为标准，根据设定的范围查找出反差最大的边缘。如果要选择的区域距离不要选择的区域很近，则应该

图 2-2-25　多边形套索工具创建选区　　　　　　　　图 2-2-26　选区

图 2-2-27　"磁性套索工具"属性栏

将宽度值设定低一些。

- 对比度。用于设置图像中边缘的灵敏度，范围在 1%~100% 之间，设定的数值越高，则边缘与背景反差越大。
- 频率。用来制定套索连接点的连接速率，指在进行选取时创建定位点（通常也称"锚点"）的多少，定位点太少，选取图像不够精确，定位点太多，则不便修改而且增加文件的容量。设定的范围在 0~100 之间。

用磁性套索工具创建选区的方法：在图像中选择起点并单击，松开鼠标左键，沿着图像边缘移动光标，将自动捕捉到图像的边缘，如图 2-2-28 所示。回到起点时光标下面出现小圆圈，此时再单击即形成封闭的选区，也可以在光标即将到起点时双击形成封闭的选区，如图 2-2-29 所示。

图 2-2-28　磁性套索工具创建选区　　　　　　　　图 2-2-29　选区

任务3 快速选择工具创建选区

【学习目标】
- 学会利用快速选择工具进行选区的创建
- 学会利用"选择"菜单中的"色彩范围"命令进行选区的创建
- 掌握图层蒙版的使用方法

【实战演练】

本案例中介绍快速选择工具的具体应用以及利用菜单命令"色彩范围"创建选区，并对图像进行选取合成的方法。

根据提供的素材，如图2-3-1、图2-3-2、图2-3-3所示，完成如图2-3-4所示效果。

图2-3-1 素材"2-3.jpg"

图2-3-2 素材"2-4.jpg"

图2-3-3 素材"2-5.jpg"

图2-3-4 最终效果图

（1）打开素材文件"2-4.jpg"，执行"选择→色彩范围"命令，打开"色彩范围"对话框，设置"颜色容差"为48。用取样笔单击预览区域中纸皮箱四周的白色部分，进行颜色取样，如图2-3-5所示。然后再单击"添加到取样"按钮 ，设置"颜色容差"为29；在背景区域内继续单击，直到预览区域中背景全部变成白色，单击"确定"按钮，如图2-3-6所示。执行"选择→反向"命令，为纸皮箱外部创建选区，如图2-3-7所示。

图 2-3-5　"色彩范围"对话框　　　　　　　图 2-3-6　添加取样

（2）打开素材文件 "2-3.jpg"，保存为文件 "2-3.psd"，选择工具箱中的移动工具 ，将纸皮箱移动到文件中，生成 "图层 1"，如图 2-3-8 所示。在 "图层 1" 处，按 <Ctrl+T> 快捷键，如图 2-3-9 所示，对纸皮箱进行自由变换，缩小纸皮箱并移动至合适位置，调整位置与大小，效果如图 2-3-10 所示。

图 2-3-7　建立选区　　　　　　　　图 2-3-8　移动纸皮箱

图 2-3-9　自由变换　　　　　　　　图 2-3-10　调整位置与大小

（3）打开素材文件"2-5.jpg"，选择工具箱的快速选择工具
，在工具选项栏中设置笔尖大小，利用放大工具将"兔子"放大，
在"兔子"上单击并沿身体拖动鼠标，将"兔子"选中，如图
2-3-11 所示，并羽化 2 个像素。

（4）利用移动工具把"兔子"移动到素材文件"2-3.psd"中，
按 <Ctrl+T> 快捷键，如图 2-3-12 所示，对"兔子"进行缩小，
移动到纸皮箱上面，如图 2-3-13 所示。

（5）设置"兔子"图层为工作图层，如图 2-3-14 所示，按
住 <Ctrl> 键，单击"图层 2"的缩略图，创建"兔子"选区，如
图 2-3-15 所示。

图 2-3-11　为"兔子"创建选区

图 2-3-12　为"兔子"创建选区

图 2-3-13　调整"兔子"的位置与大小

图 2-3-14　"图层"调板

图 2-3-15　创建选区

（6）选择工具箱中的多边形套索工具 ，单击工具选项栏中的按钮 ，在图中绘制图
2-3-16 所示的区域，减去选区后的区域如图 2-3-17 所示。

（7）单击"图层"调板底部的添加蒙版按钮 ，为"兔子"图层添加蒙版，如图 2-3-18
所示，隐藏"兔子"的下半身，制作出"兔子"放置在纸皮箱中的效果，如图 2-3-19 所示。

（8）选择工具箱的快速选择工具 ，在工具选项栏设置笔尖大小，放大纸皮箱里的"兔
子"，单击并沿纸皮箱上拖动鼠标，选中图 2-3-20 所示区域。选择背景图层，按下 <Ctrl+J>
快捷键，复制选区中的草地，生成"图层 3"。拖动"图层 3"至"图层 2"上面，如图 2-3-21
所示，将纸皮箱置入在草丛中，图像效果如图 2-3-22 所示。

（9）保存文件，最终效果如图 2-3-23 所示。

图 2-3-16　利用多边形套索工具减去选区

图 2-3-17　减去选区后的区域

图 2-3-18　添加蒙版

图 2-3-19　隐藏"兔子"的下半身

图 2-3-20　选中区域

图 2-3-21　"图层"调板

图 2-3-22 纸皮箱置入在草丛中

图 2-3-23 最终效果图

任务 4 使用快速蒙版创建选区和细化选区

【学习目标】
- 利用"选择"菜单对选区进行编辑
- 学会使用快速蒙版编辑选区
- 了解调整边缘的用法

【实战演练】

本案例中将介绍细化选区的具体应用。

根据提供的素材,如图 2-4-1、图 2-4-2 所示,完成图 2-4-3 所示效果。

图 2-4-1 素材 "2-6.jpg"

图 2-4-2 素材 "2-7.jpg"

在本案例中,主要介绍利用调整边缘方法进行人物的选取,并进行合成。这类图像在选取合成时,需要保留人物的头发发梢,人像与新背景合成时效果才能够完美。案例中也运用快速蒙版的方法进行建立选区。

图 2-4-3　效果图

（1）打开素材文件 "2-6.jpg"，单击工具箱中的 "以快速蒙版模式编辑" 按钮 ⬚，利用画笔工具，如图 2-4-4 所示，选择合适的笔尖大小，如图 2-4-5 所示，为小女孩涂抹大致轮廓，如图 2-4-6 所示，然后单击工具箱中的 "以标准模式编辑" ⬚ 按钮（或者按 <Q> 键），为其建立选区，反向选区，如图 2-4-7 所示。

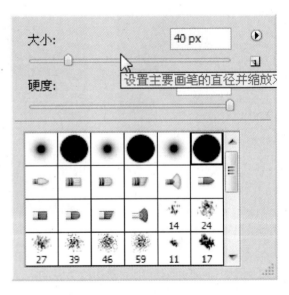

图 2-4-4　画笔工具　　　　　　　　　　图 2-4-5　画笔大小

图 2-4-6　利用画笔在蒙版模式下进行涂抹　　　　图 2-4-7　为人物建立选区

　（2）选择多边形套索工具，单击工具属性栏中的调整边缘按钮 [调整边缘...]，如图 2-4-8 所示，打开"调整边缘"对话框，在"视图"下拉列表中选择"黑底"，勾选"智能半径"复选框，并调整"半径"参数，如图 2-4-9 所示。

图 2-4-8　多边形套索工具属性栏

图 2-4-9　设置调整边缘参数

（3）使用调整半径工具 ☑ 涂抹头发，如图 2-4-10 所示，涂抹后效果如图 2-4-11 所示。

图 2-4-10　涂抹头发

图 2-4-11　涂抹后效果

（4）选择抹除调整工具 ☑.，在人物的手部轮廓边缘以及裙子边缘涂抹，对缺失的图像进行修补，如图 2-4-12 所示。将羽化设置为 2 像素，勾选"净化颜色"复选框，如图 2-4-13 所示。单击"确定"按钮，抠出人物图像，如图 2-4-14 所示。

图 2-4-12　对缺失的图像进行修补

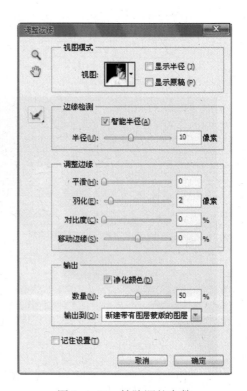

图 2-4-13　抹除调整参数

（5）打开素材文件"2-7.jpg"，保存为文件"漂亮的小女孩.psd"。双击背景图层，如图 2-4-15 所示，把背景图层转为普通层，同时将"图层 0"复制为"图层 0 副本"，如图 2-4-16 所示。

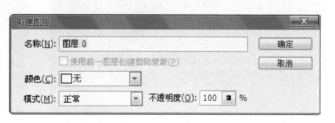

图 2-4-15　背景图层转为普通层

图 2-4-14　抠出人物图像

图 2-4-16　复制图层

（6）对"图层 0 副本"执行"滤镜→高斯模糊"命令，对草丛的背景进行模糊处理，如图 2-4-17 所示。

图 2-4-17　对图层进行高斯模糊处理

（7）利用移动工具将小女孩拖动到文档"漂亮的小女孩.psd"中，如图 2-4-18 所示。按 <Ctrl+T> 快捷键进行自由变换，将小女孩调整成图 2-4-19 所示的位置与大小。

（8）选取工具箱的文字工具 **T**，参数设置如图 2-4-20 所示，在图像的左侧部分输入图 2-4-21 所示的英文字母。最终效果图如图 2-4-22 所示。

图 2-4-18　移动小女孩到文件中

图 2-4-19　调整女孩

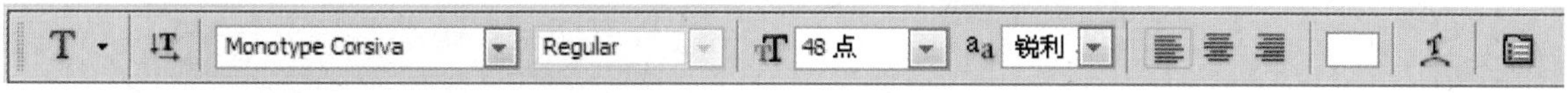

图 2-4-20　文字工具参数设置

图 2-4-21　输入文字

图 2-4-22　效果图

【知识提要】

1. 快速蒙版

快速蒙版是一种用于创建和编辑选区的功能。

使用快速蒙版创建选区：快速蒙版是一种临时的蒙版，它其实是一种通道。进入快速蒙版后，会创建一个临时的图像屏蔽，同时会在通道调板中创建一个临时的 Alpha 通道以保护图像不被操作，而不处于蒙版范围的图像则可以进行编辑。

在图像上大概地选择出所要选取的范围后，单击工具箱中的"以快速蒙版模式编辑"按钮，即可进入快速蒙版编辑状态，此时，原先未选取的图像范围会套上一层半透明的红色遮色片。

使用笔刷工具　在图像上来回涂抹，可加上红色遮色片。使用橡皮擦工具　在图像上来回涂抹则可以擦除红色遮色片，交互使用笔刷工具和橡皮工具，使图像只显示用户所要的范围，如图 2-4-23 所示。

图 2-4-23　快速蒙版编辑状态

　　遮色片编辑完成后再单击"以标准模式编辑"按钮 即可得到用户想要的选区，如图 2-4-24 所示。

　　按下 <Q> 键，可以在两种模式间切换，双击"以标准模式编辑"按钮 或"以快速蒙版模式编辑"按钮 都可弹出"快速蒙版选项"对话框，如图 2-4-25 所示，在对话框中可以设置蒙版遮色片的颜色和不透明度,为改变蒙版颜色为黄绿色。在"色彩指示"下的两个选项，分别为被蒙版区域和所选区域，选择被蒙版区域即为选区之外的区域。

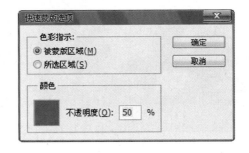

图 2-4-24　建立选区　　　　　　　图 2-4-25　"快速蒙版选项"对话框

2. 细化选区

　　细化选区是 Photoshop CS5 中新增加的功能，一般选择头发等细微的图像时,可以先用魔棒、快速选择工具或"蒙版"等命令创建一个大致的选区，再使用"调整边缘"命令对选区进行细化，从而选中对象。"调整边缘"命令还可以消除选区边缘周围的背景色、改进蒙版以及对选区进行扩展、收缩、羽化等处理。

（1）视图模式

为图像创建选区，可以执行"选取→调整边缘"命令，出现图 2-4-26 所示的对话框，在"视图"下可以选择一种视图模式，以便可以更好观察选区的调整效果。

图 2-4-26　调整边缘视图模式

- 闪烁虚线。可以查看具有闪烁边界的标准选区，如图 2-4-27 所示，在羽化的边缘选区上，边界将会围绕被选中 50% 以上的像素。
- 叠加。可以在快速蒙版状态下查看选区，如图 2-4-28 所示。

图 2-4-27　闪烁虚线　　　　　　　　　　　　图 2-4-28　叠加

- 黑底。在黑色背景上查看选区，如图 2-4-29 所示。
- 白底。在白色背景上查看选区，如图 2-4-30 所示。
- 黑白。可预览用于定义选区的通道蒙版，如图 2-4-31 所示。
- 背景图层。可查看被选区蒙版的图层，如图 2-4-32 所示。
- 显示图层。可在未使用蒙版的情况下查看整个图层，如图 2-4-33 所示。

图 2-4-29 黑底

图 2-4-30 白底

图 2-4-31 黑白

图 2-4-32 背景图层

- 显示半径。显示按半径定义的调整区域。
- 显示原稿。可查看原始选区。

细化工具和边缘检测选项如下。

- 调整半径工具 。可以扩展检测区域。
- 抹除调整工具 。可以恢复原始边缘。
- 智能半径。使半径自动适应图像边缘。
- 半径。控制调整区域的大小。

（2）调整边缘

在"调整边缘"对话框中，"调整边缘"选项组可以对选区进行平滑、羽化、扩展等处理，如图 2-4-34 所示。

图 2-4-33 显示图层

- 平滑。用于减少选区边界中的不规则区域，创建更加平滑的轮廓。
- 羽化。可为选区设置羽化，范围为 0~250 像素，图 2-4-35、图 2-4-36 所示为羽化前后的效果。
- 对比度。可以锐化选区边缘并去除模糊的不自然感，效果如图 2-4-37 所示。

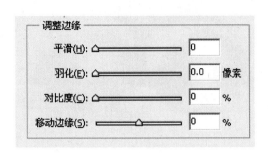

图 2-4-34 "调整边缘"选项组

图 2-4-35 原图

图 2-4-36 羽化的效果

图 2-4-37 羽化后增加对比度

- 移动边缘。负值收缩选区边界,如图 2-4-38 所示,正值扩展选区边界,如图 2-4-39 所示。

图 2-4-38 负值收缩选区

图 2-4-39 正值扩展选区

（3）指定输出方式

"调整边缘"对话框中"输出"选项组用于消除选区边缘的杂色、设定选区的输出方式，如图 2-4-40 所示。

图 2-4-40 输出选项

• 净化颜色。选择该选项后，拖动"数量"滑块可以去除图像的彩色杂边。"数量"值越高，清除范围越广。

• 输出到。在该选项的下拉列表中可以选择选区的输出方式，如图 2-4-41~图 2-4-44 所示。

图 2-4-41 选区

图 2-4-42 图层蒙版

图 2-4-43 新建图层

图 2-4-44 新建带有图层蒙版的图层

任务5 路 径 选 取

【学习目标】
- 利用路径完成图像的选取
- 熟练掌握路径的创建及编辑
- 掌握路径与选区的互换方法
- 学会对选区的编辑

【实战演练】

当所选的素材与图像背景颜色接近，但素材边界比较规则时，可以利用钢笔工具对其进行描绘，并将路径转换为选区，从而完成图像的选取。

在本案例中，主要介绍如何利用钢笔工具进行杯子的选取，创建杯子选区后，对选区进行缩小编辑，以及适当进行羽化处理，使选择效果更加完美，使图像合成后不会太生硬，与背景更加融合。

本案例利用图 2-5-1、图 2-5-2 所示的素材，完成图 2-5-3 所示的图像合成效果。

图 2-5-1 素材"2-8.jpg"

图 2-5-2 素材"2-9.jpg"

图 2-5-3 图像合成效果图

1. 杯子图像的选取

（1）打开素材文件"2-8.jpg"，如图 2-5-1 所示；单击工具箱的缩放工具 ，将图像画面进行放大显示。

（2）单击工具箱的抓手工具 🖐️，使图像画面显示杯子的图像，如图 2-5-4 所示。

（3）单击工具箱中的钢笔工具 ✒️，然后单击选项栏上的"路径"按钮 📷，再单击套杯的边缘轮廓位置，确定第一个锚点；随后到第二个位置，单击鼠标左键，创建第二个锚点，如图 2-5-5 所示。

图 2-5-4 放大图像后的效果

图 2-5-5 创建两个锚点的效果

（4）利用步骤（3）确定锚点的方法，沿套杯的轮廓绘制出图 2-5-6 所示的钢笔路径。此时单击"路径"调板，可见有新的"工作路径"出现，如图 2-5-7 所示。

图 2-5-6 创建的全部锚点

图 2-5-7 "路径"调板

（5）单击工具箱中的转换点工具 ⌐，在路径的第 1 个锚点上按下鼠标左键并拖曳，将角点转换为平滑点，此时在锚点两边将拖曳出两条调节柄，如图 2-5-8 所示。

（6）在调节柄的控制点上按下鼠标左键并拖曳，将锚点一边的路径调整到与杯子轮廓对齐的形状，如图 2-5-9 所示。

（7）利用抓手工具 🖐️，移动图像至所需要调整的部分，按照步骤（5）~（6）的操作，依次调整路径上的锚点，最终的路径效果如图 2-5-10 所示。

（8）此时，在杯子手柄内还有需要勾勒的轮廓，重复步骤（2）~（6），将这部分完成，如图 2-5-11 所示。

图 2-5-8 使用转换点工具调节

图 2-5-9 调整锚点两边的路径

图 2-5-10 全部调整后的路径效果

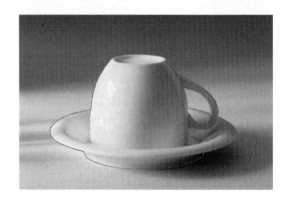

图 2-5-11 完成手柄内的路径效果

（9）单击"路径"调板下方的"将路径作为选区载入"按钮 ⭕，可见图像效果如图 2-5-12 所示，形成一个选区。

2. 图像合成

（1）执行"选择→修改→收缩"命令，如图 2-5-13 所示，将上述形成的选区进行收缩，保证不漏边，使选择效果更加完美，具体设置如图 2-5-14 所示。

（2）执行"选择→修改→羽化"命令，设置"羽化半径"为 2 像素。羽化后的图像边缘

图 2-5-12 形成的选区

会柔和一些，使图像合成后不会太生硬，关于羽化数值的设定，需要根据实际的情况而定。

（3）拖动羽化后选区的杯子图像到素材文件"2-9.jpg"中，形成"图层 1"。

（4）执行"编辑→变换→缩放"命令，将复制的杯子图像进行调整，并移动到合适的位置，如图 2-5-15 所示。

（5）添加杯子倒影。执行"图层→复制图层"命令或者按下 <Ctrl+J> 快捷键复制"图层 1"，生成图层为"图层 1 副本"，拖动"图层 1 副本"至"图层 1"下方，执行"编辑→变换→垂直翻转"

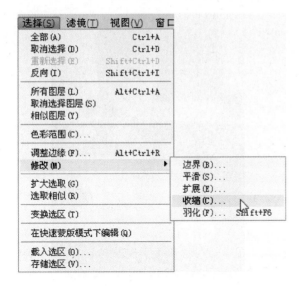

图 2-5-13　收缩选区

图 2-5-14　收缩参数

图 2-5-15　调整后的效果

图 2-5-16　倒影调整后效果

命令，并移动至合适位置，调整图层不透明度为 20%，效果如图 2-5-16 所示。

（6）添加杯子投影。新建"图层 2"，利用椭圆选框工具创建一椭圆选区，如图 2-5-17 所示，羽化半径为 20 像素，填充黑色，效果如图 2-5-18 所示。

（7）将"图层 2"置于"图层 1"与"图层 1 副本"之间，形成投影，并调整图层不透明度为 68%，合成效果如图 2-5-19 所示。

3. 保存文件

图 2-5-17　画一椭圆

图 2-5-18　填充效果

图 2-5-19　合成效果

实　　训

　　素材如图 2-6-1、图 2-6-2 所示。效果如图 2-6-3 所示。

　　本案例主要进行人物合成，制作成 3D 效果。利用魔棒、多边形套索工具等多种选取工具进行人物的选择，同时运用图层蒙版的知识进行 3D 效果的制作。

图 2-6-1　2-10.jpg

图 2-6-2　2-11.jpg

图 2-6-3　效果图

关键步骤如下：

（1）打开素材"2-11.jpg"，双击背景图层，选择工具箱中的魔棒工具，单击小孩周围的黑色区域，设置工具的属性参数，容差为20。对背景区域进行选择，然后按 <Detele> 键删除该区域，按 <Ctrl+D> 取消选择。

（2）选择工具箱中的多边形套索工具，对小孩周围其他多余的部分进行选择，然后按 <Delete> 键，把选择的区域删除，再利用套索工具把其他细节部分进行选择，然后删除。

（3）双击背景层，把背景层转换为普通层，按住 <Ctrl> 键，单击 "图层 0" 的缩略图，为 "小孩" 创建选区。

（4）打开素材 "2-10.jpg"，双击背景图，把背景层转换为普通层，然后执行 "图层→复制图层" 命令。选择工具箱中的矩形选框工具，对笔记本的界面进行选择。新建一图层，执行 "编辑→填充" 命令，为其填充黑色。

（5）选择工具箱中的移动工具把 "小孩" 移动到素材 "2-10.jpg"，按 <Ctrl+T> 快捷键，对 "小孩" 进行自由变换，调整好位置。为 "图层 2"（即 "小孩" 图层）添加蒙版图层。

（6）设置 "图层 2" 为工作图层，按住 <Ctrl> 键，单击 "图层 1" 的缩略图，执行 "选择→反向" 命令。

（7）选择工具箱中的画笔工具，前景色设置为黑色，在 "小孩" 的右手部分进行涂抹，按 <Ctrl+D> 快捷键取消选择，最终效果保存为 "效果图 .psd"。

单元 3

图像的编辑及修饰

　　图像的编辑及修饰功能是图形图像处理的重要功能之一。Photoshop 提供强大的图像编辑及修饰工具。"编辑"菜单提供对图层或选区进行编辑的命令；利用修饰工具可以修复有缺陷的图像。还可以调整图像大小、位置等，使图像达到理想的效果。

任务 1　图像的编辑——美化写字台

【学习目标】
* 图像的编辑与调整
* 图像的变换与变形

【实战演练】

　　在本案例中，主要介绍有关图像编辑的应用，通过对图像进行剪切、复制、粘贴，并利用图像的变换对写字台上的物体进行调整和处理。写字台完成效果如图 3-1-1 所示，本例主要针对书封面、日记本、台灯与杯贴图以及相框进行美化，提升写字台的整体效果。

图 3-1-1　案例效果

1. 给书换封面

（1）执行"文件→打开"命令，打开素材文件"3-1a.jpg"。保存文件为"3-1.psd"。

（2）执行"文件→打开"命令，打开素材文件"3-1b.jpg"，右击"3-1b.jpg"图像文件窗口的标题栏，从出现的快捷菜单中选择"图像大小"命令，出现"图像大小"对话框，如图 3-1-2 所示。

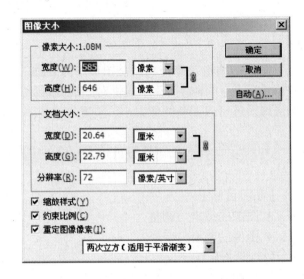

图 3-1-2　"图像大小"对话框

（3）对"图像大小"对话框进行设置，在"像素大小"选项组中，单击"像素"右侧的下拉按钮，将"像素"改变为"百分比"，勾选"约束比例"；输入"宽度"值为 50；输完按 <Enter> 键确定，相对应的"高度"值也自动改变为 50，如图 3-1-3 所示。

（4）选择工具箱中的移动工具，在"3-1b.jpg"素材文件中，按住鼠标左键拖动图像，将图像拖曳到"3-1.psd"窗口后释放鼠标，利用移动工具进行图像复制，并自动创建"图层 1"图层，如图 3-1-4 所示。关闭素材文件"3-1b.jpg"（不保存）。

（5）选择"图层 1"图层，再执行"编辑→变换→扭曲"命令，此时图像四周将出

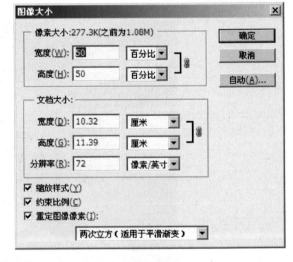

图 3-1-3　设置"图像大小"对话框

现"定界框"，定界框上的 8 个小矩形称为"控制点"，如图 3-1-5 所示。将光标移动到图像左上角的控制点上，按下鼠标左键不放，将图像拖曳到对应书的左上角，效果如图 3-1-6 所示。同样，将光标移动到图像右上角的控制点上，按下并拖曳鼠标，将图像拖曳到对应书的右上角，

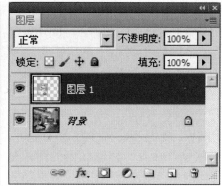

图 3-1-4　移动复制图像

图 3-1-5　"变换"控制点　　　　　　　　图 3-1-6　左上角扭曲

效果如图 3-1-7 所示。

（6）同样，利用（5）的方法，分别将光标移动到定界框的另两个控制点上，单击并拖动鼠标，将控制点对应拖曳到书的另两个角。效果如图 3-1-8 所示。调整好后，按 <Enter> 键确定变换操作。

图 3-1-7　右上角扭曲　　　　　　　　图 3-1-8　调整控制点

2. 修饰日记本

（1）执行"文件→打开"命令，打开素材文件"3-1c.jpg"，选择工具箱中的"矩形选框工具" ⊡ ，在图像中拖曳鼠标，创建一个选区，如图 3-1-9 所示。

（2）执行"编辑→拷贝"命令，将选区的内容复制到剪贴板。选择当前文件为"3-1.psd"，执行"编辑→粘贴"命令，将选区内的图像复制过来，并自动创建"图层 2"图层。效果如图 3-1-10 所示。关闭素材文件"3-1c.jpg"。

图 3-1-9 创建的选区

（3）选中"图层 2"图层，执行"编辑→变换→扭曲"命令，将复制的图像进行扭曲变换，放置在日记本上。效果如图 3-1-11 所示。

图 3-1-10 粘贴效果

图 3-1-11 扭曲效果

（4）在"图层"调板中，单击图层混合模式文本框的箭头 ▾ 。在下拉菜单中选择"滤色"模式，如图 3-1-12 所示。效果如图 3-1-13 所示。

图 3-1-12 "图层"调板

图 3-1-13 "滤色"模式效果

3. 台灯与杯贴图

（1）执行"文件→打开"命令，打开素材文件"3-1d.jpg"。

（2）选择工具箱中的"移动工具"，在"3-1d.jpg"素材文件中，按住鼠标左键拖动花纹图像，将图像拖曳到"3-1.psd"窗口后释放鼠标，自动创建"图层3"图层。关闭"3-1d.jpg"素材文件（不保存）。

图 3-1-14　缩小并放置好图像

（3）在"3-1.psd"文件中，在"图层"调板中选中"图层3"图层，执行"编辑→自由变换"命令，在选项栏上单击"链接"图标🔗，然后将光标移动到图像右下角的调节点上，当出现双向箭头指针时，按下并拖曳鼠标，拖动将图像缩小。再将光标移到图像中，当光标变成▶形状时，按下鼠标左键不放，将图像拖曳到台灯上，如图 3-1-14 所示。

（4）右击，在打开的快捷菜单中选择"变形"命令，如图 3-1-15 所示，显示变形网格，如图 3-1-16 所示。

图 3-1-15　快捷菜单

图 3-1-16　变形

（5）拖动上面两个角的锚点，将锚点对齐到台灯上，如图 3-1-17 所示。拖动两个锚点上的方向点，调整图像弯曲度，使图像上方对齐台灯，如图 3-1-18 所示。

图 3-1-17　拖动锚点　　　　　　　　　　图 3-1-18　调整方向点

（6）同样，拖动下面两个角的锚点，使图像弯曲，并使图像下方也对齐台灯。综合调整 4 个锚点上的方向点，使图像贴在台灯上，如图 3-1-19 所示。

（7）按 <Enter> 键确定变形操作。将图层混合模式设置为"强光"，如图 3-1-20 所示。贴图效果更加真实。效果如图 3-1-21 所示。

图 3-1-19　变形调整　　　　　　　　　　图 3-1-20　右上角扭曲

（8）同样，打开素材文件"3-1e.jpg"。复制图像，然后变换缩小图像，将图层混合模式设置为"正片叠底"。效果如图 3-1-22 所示。

4. 制作相框

（1）执行"文件→打开"命令，打开素材文件"3-1f.jpg"。

（2）在"图层"调板中，双击"背景"图层。弹出"新建图层"对话框，单击"确定"按钮，将背景图层转换成"图层 0"图层，如图 3-1-23 所示。

图 3-1-21　右上角扭曲

图 3-1-22　杯子贴图效果

图 3-1-23　"新建图层"对话框

（3）右击"3-1f.jpg"图像文件窗口的标题栏,在弹出的快捷菜单中选择"画布大小"命令,出现"画布大小"对话框。在对话框的"新建大小"选项组中设置"高度"为350,如图 3-1-24 所示。单击"确定"按钮,效果如图 3-1-25 所示。

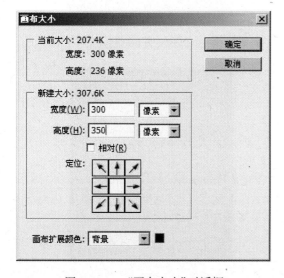

图 3-1-24　"画布大小"对话框

图 3-1-25　画布变大效果

（4）选择工具箱中的矩形选框工具 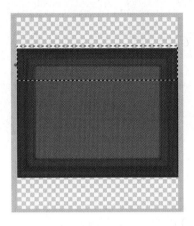，创建一个选区，如图3-1-26所示。依次执行"编辑→剪切"、"编辑→粘贴"命令，选择工具箱中的移动工具，将剪切的图像上移到画布顶，效果如图3-1-27所示。

图 3-1-26　选区效果

图 3-1-27　移动效果

（5）按照（4）方法，选中"图层0"图层，在相框下面创建一个选区，将选区的内容剪切粘贴，并移到画布底，如图3-1-28所示。

（6）选中"图层0"图层，将中间部分创建一个选区，如图3-1-29所示。执行"编辑→拷贝"、"编辑→粘贴"命令，将复制的图像移到合适位置。如果不够，可以执行多次"编辑→粘贴"命令。然后合并所有图层。效果如图3-1-30所示。

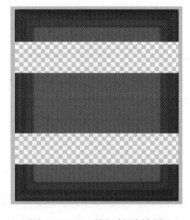

图 3-1-28　剪切粘贴效果

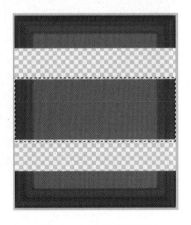

图 3-1-29　选区效果

图 3-1-30　相框效果

（7）选择工具箱中的矩形选框工具，在相册内创建一个选区，如图 3-1-31 所示。

（8）执行"文件→打开"命令，打开素材文件"3-1g.jpg"。执行"选择→全部"命令，在相册中创建一个选区，如图 3-1-32 所示，执行"编辑→拷贝"命令。

（9）选择素材文件"3-1f.jpg"为当前文件。执行"编辑→选择性粘贴→贴入"命令。选择工具箱上的"移动工具"，将相片放在合适的位置，如图 3-1-33 所示。然后合并可见图层。

（10）执行"选择→全部"命令，在相册中创建一个选区，执行"编辑→拷贝"命令。

图 3-1-31　选区效果

图 3-1-32　选择全部

图 3-1-33　贴入效果

（11）选择素材文件"3-1.psd"为当前文件，执行"编辑→粘贴"命令，在"图层"调板中自动创建"图层 5"图层，如图 3-1-34 所示。

（12）在"图层"调板中选中"图层 5"图层，执行"编辑→自由变换"命令，按住 <Shift> 键，拖动控制点将相框图像缩小；光标移动在定界框外时，指针变为弯曲的双向箭头 ↰，拖动鼠标可旋转相框图像，旋转图像并将相片放在合适的位置。效果如图 3-1-35 所示。

图 3-1-34 复制相框

图 3-1-35 缩小旋转效果

图 3-1-36 斜切操作

（13）右击，在打开的快捷菜单中选择"斜切"命令，调整相框图像，使相框"放置"在桌面上，调整好后，按 <Enter> 键确定变换操作。效果如图 3-1-36 所示。

（14）双击"图层 5"图层，弹出"图层样式"对话框，勾选"投影"，如图 3-1-37 所示。单击"确定"按钮，完成制作，将文件保存。

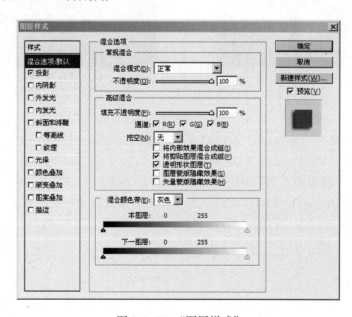

图 3-1-37 "图层样式"

【知识提要】

"编辑"菜单中提供大量的图像编辑命令，使用这些命令，可以完成大部分图像编辑工作。

1. 图像编辑

（1）操控变形

操控变形是 Photoshop CS5 的新功能之一，操控变形功能借助网格可以随意地扭曲特定图像区域，同时保持其他区域不变。

可以在一张图像上建立网格，然后使用"图钉"固定特定的位置后，拖动需要变形的部位。现举例说明如下。

① 打开素材文件"3-1h.psd"，选择机器人，执行"编辑→操控变形"命令，图像上出现网格，如图 3-1-38 所示。其选项栏如图 3-1-39 所示。

图 3-1-38 "操控变形"

图 3-1-39 "操控变形"选项栏

选项说明如下。

• 模式。确定网格的整体弹性。为适用于对广角图像或纹理映射进行变形的极具弹性的网格，模式选取"扭曲"。

• 浓度。确定网格点的间距。有三种设置："较少点"、"正常"、"较多点"，设置为"较多点"，精度很高，但处理时间需要较多；设置为"较少点"则反之。

• 扩展。扩展或收缩网格的外边缘。

• 显示网格。设置是否显示网格，取消时只显示调整图钉。

• 图钉深度。可以改变图像重叠区域的叠放次序。

• ↺。"移去所有图钉"按钮。

• ⊘。取消操控变形。

• ✓。确认探听操控变形。

② 将光标移动到网格上，当光标变为 ✱ 时，可单击添加图钉，如图 3-1-40 所示。

③ 拖动手上的图钉进行变形，改变手的位置，如图 3-1-41 所示。

④ 分别拖动要操控的图钉进行变形，变形完成后按 <Enter> 键确定操控变形操作。操控变形前后对比效果如图 3-1-42 所示。

（2）自由变换命令

执行"编辑→自由变换"命令或使用 <Ctrl+T> 快捷键，可以对选区或除背景图层以外的所有图层进行自由变形。"自由变换"命令可在一个连续的操作中应用，包括旋转、缩放、斜切、扭曲和透视。不必选取其他命令，在键盘上按住一个键，即可在变换类型之间进行切换。

图 3-1-40　添加图钉　　　　　　　　图 3-1-41　操控变形

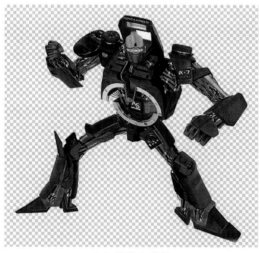

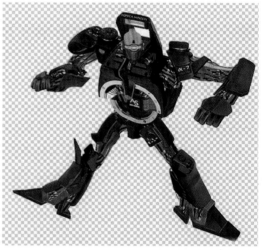

（a）操控变形前　　　　　　　　　　（b）操控变形后

图 3-1-42　操控变形前后对比

（3）变换

执行"编辑→变换"命令，可以进行更加丰富的变换操作。变换子菜单如图 3-1-43 所示。

2. 图像调整

（1）画布大小调整

执行"图像→画布大小"命令可以修改当前图像的画布大小，添加或移去现有图像周围的工作区。也可以通过减小画布尺寸来裁剪图像，增加画布大小可显示出与背景色相同的颜色和透明度。

执行"图像→画布大小"命令，弹出"画布大小"对话框，如图 3-1-24 所示。

其中各选择项的含义如下。

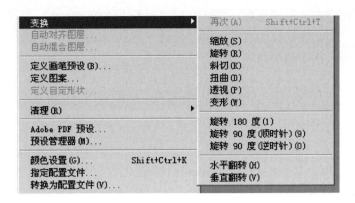

图 3-1-43 "编辑→变换"子菜单

① 当前大小。显示当前画布的大小。

② 新建大小。可以设置新建的画布的尺寸,"相对"选项表示输入的数值为相对量,输入正数则为增加的数量,输入负数则为减少的数量;在"定位"选项中可以单击一个方块来确定图像在新建的画布中的位置。默认为中间方块,表示调整画布大小后,图像在画布的中间。

③ 画布扩展颜色。具体如下。

• 前景。用当前的前景颜色填充新建画布。

• 背景。用当前的背景颜色填充新建画布。

• 白色 / 黑色 / 灰色。用这种颜色填充新画布。

• 其他。使用拾色器选择新画布颜色。

（2）图像大小调整

在 Photoshop 中,执行"图像→图像大小"命令,弹出"图像大小"对话框,在对话框中可以查看图像大小和分辨率之间的关系,如图 3-1-44 所示。

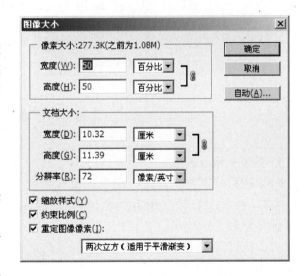

图 3-1-44 "图像大小"对话框

其中各选择项的含义如下。

① 像素大小。图像的像素大小。

② 文档大小。图像的文档大小。

③ 缩放样式。设置图层样式的效果是否随图像大小缩放。

④ 约束比例。设置调整图像时,是否保持当前像素宽度和高度的比例。

⑤ 重定图像像素。设置调整分辨率时是否改变像素大小。

在对话框中可设置图像的像素大小、文档大小或分辨率。如果要保持当前像素宽度和高度的比例,则勾选"约束比例"复选框;如果要图层样式的效果随图像大小的缩放而调节,勾选"缩放样式"复选框。只有勾选"约束比例"复选框,"缩放样式"复选框才会处于可选择状态。

不勾选"重定图像像素"复选框，降低分辨率时不更改像素大小，图片的大小、尺寸和分辨率都不会改变的。但会改变打印时的效果。勾选"重定图像像素"复选框，降低分辨率而保持相同的文档大小时，将会减小像素大小。

任务 2　图像的修复——修复旧照片

【学习目标】

- 图章工具
- 修复工具
- 润饰工具
- 擦除工具

【实战演练】

本案例介绍利用图章工具、修复工具等快速，有效地对旧照片进行修复，素材与效果如图 3-2-1 所示。

（a）素材　　　　　　　　　　　　（b）效果

图 3-2-1　素材与效果

1. 修复折痕、渍点

（1）执行"文件→新建"命令，设置宽度为：1 287 像素；高度为：888 像素；分辨率为：180 像素 / 英寸；模式为：RGB 颜色；背景内容为：白色。单击"确定"按钮，建立新文件。并将文件存储为"3-2.psd"。

（2）执行"文件→打开"命令，打开素材文件"3-2a.jpg"。选择工具箱中的矩形选框工具，在相片中创建一个选区，如图 3-2-2 所示。将选区内的图像复制到"3-2.psd"文件中，如图 3-2-3 所示。

（3）选择工具箱中的"污点修复画笔工具" ，在"污点修复画笔"工具选项栏中设置画笔大小为：63，类型为：内容识别，如图 3-2-4 所示。

图 3-2-2　选择图像

图 3-2-3　复制选区

图 3-2-4　"污点修复画笔工具"选项栏

（4）相片图像中，在天空的折痕上拖曳鼠标，如图 3-2-5 所示，松开鼠标，折痕被除去，效果如图 3-2-6 所示。

图 3-2-5　使用污点修复工具

图 3-2-6　修复效果

（5）反复使用工具箱中的污点修复画笔工具，并根据情况调整画笔大小，在天空上有黄色渍点的地方拖曳鼠标，将渍点除去。效果如图 3-2-7 所示。

2. 修复污点

（1）选择工具箱中图像修复工具组中的修复画笔工具 ，在工具选项栏中设置画笔大小为：95；设置源为：取样。具体如图 3-2-8 所示。

图 3-2-7 天空渍点修复

图 3-2-8 "修复画笔工具"选项栏

（2）在天空附近无污点处，按 <Alt> 键，单击，确定取样点。然后将光标移动到图像中天空的污点的位置，拖曳鼠标，清除天空的污点，如图 3-2-9 所示。可以继续采集无污点的天空样点，然后清除污点，如图 3-2-10 所示。效果如图 3-2-11 所示。

图 3-2-9 修复效果　　　　　图 3-2-10 继续采样　　　　　图 3-2-11 修复效果

3. 清除污渍

（1）选择工具箱中图像修复工具组中的修补工具 ，在工具选项栏中设置"修补"为：目标，如图 3-2-12 所示。

图 3-2-12 "修补工具"选项栏

（2）选择无污渍的地面，勾画出选区，如图 3-2-13 所示；将光标移动到选区内，拖曳选区到地面灰蓝色的受污的地方，如图 3-2-14 所示，然后松开鼠标，则将污渍清除。

图 3-2-13 修补目标选区　　　　　图 3-2-14 修补污渍

（3）可以多次操作，将污渍清除。效果如图 3-2-15 所示。

4. 房屋修复

（1）选择工具箱中仿制图章工具 🖼，在工具选项栏中设置"画笔"的样式及大小。画笔大小为：20。在房屋的墙上，按 <Alt> 键，单击进行取样，如图 3-2-16 所示。

图 3-2-15 污渍修复效果

（2）将光标移动到破损处，拖曳鼠标，可见复制取样点进行破损处理的地方。效果如图 3-2-17 所示。

（3）在操作时可多次取样或调整画笔大小，以修复得更加精确，形成逼真的效果。最终效果如图 3-2-18 所示。

图 3-2-16 取样

图 3-2-17 修复

图 3-2-18 修复效果

（4）采用同样的方法对其他破损的地方进行修复，修复图像的时候，要根据不同的情况，选择不同的修复工具进行。通常需要综合使用几种修复工具，最后完成修复，保存文件。

【知识提要】

图像的修复工具主要是工具箱中的"图章工具组"和"修复工具组"。主要用于对图像缺损的部分进行修补或者把图像中的像素进行复制。特别在数码相片的处理中使用非常广泛。

1. 图章工具组

在制作图像的过程中经常会重复某一部分的图案，或者需要对残缺的图像进行修复，这时可以利用图章工具组。图章工具组包括两个工具：仿制图章工具 🖼 和图案图章工具 🖼。

（1）仿制图章工具 🖼

仿制图章工具 🖼 可以复制图像的一部分。选中该工具，按住 <Alt> 键，在将要复制的图像位置单击，然后在要粘贴位置，单击进行绘制，这样就可以把刚复制的图像绘制到鼠标拖曳位置。

（2）图案图章工具 🖼

图案图章工具 🖼 经常用来完成背景的制作。该工具能够将图案复制到图像上，操作的时候只需要选择相应的图案即可。

（3）"仿制源"调板

"仿制源"分为五种，可以在移动、缩放、角度上进行设置，能提高用户的工作效率。"仿制源"调板如图 3-2-19 所示

"仿制源"调板中还可以进行仿制时显示效果设置，下面就其中的选项进行介绍。

① 显示叠加。在仿制操作中显示预览效果，从而避免错误操作。

② 不透明度。用于制作叠加预览图的不透明度显示效果，数值越大，显示效果越清晰。

③ 自动隐藏。将叠加预览图隐藏，不显示。

④ 模式列表。显示叠加预览图像与原始图像的叠加模式。

⑤ 反相。叠加预览图像呈反相显示状态。

图 3-2-19 "仿制源"调板

2. 修复工具组

Photoshop 修复工具组主要包括污点修复画笔 工具、修复画笔工具 、修补工具 和红眼工具 ，如图 3-2-20 所示。利用这些工具，可以有效地清除图像上的杂质、刮痕和褶皱等图像的瑕疵，对破损或不理想的图像局部用最接近的像素进行修复。

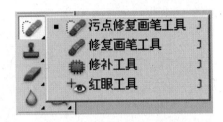

图 3-2-20 修图工具组

（1）污点修复画笔工具

使用污点修复画笔工具可以对图像中的污渍进行快速修复，常用于去除照片中的杂色或污斑。利用该工具时不需要取样，只需要在图像中有污点的地方单击即可，系统能够自动分析周围图像的各参数，从而进行自动取样及修复。其工具选项栏如图 3-2-21 所示。

图 3-2-21 "污点修复画笔工具"选项栏

① 画笔。用来设置笔尖的形状、大小、硬度及其角度、圆度等。

② 模式。设置填充的像素与底图的混合效果。

③ 类型。设置取样的方式。

• 近似匹配。表示取图像相近区域的不透明度、颜色与明暗度。

• 创建纹理。表示取样为周围像素的纹理。

• 内容识别。内容识别是 Photoshop CS5 增加的新功能，对图像的某一区域进行覆盖填充时，能自动分析周围图像的特点，将图像进行拼接组合后填充在该区域并进行融合，从而达到快速、无缝的拼接效果，使修整图像变得更加轻松。

使用内容识别时注意，如果附近有其他物体，会将其他物体当做填充物填进去。

（2）修复画笔工具 ✐

修复画笔工具 ✐ 的实质是借用周围的像素和光源来修复一幅图像。该工具能将这些像素的纹理、光照效果和阴影不留痕迹地融入图像的其余部分。其工具选项栏如图 3-2-22 所示。

图 3-2-22　"修复画笔工具"选项栏

① 源。用于修复像素的来源。有两个选项："取样"，表示利用图像中的取样进行修复；"图案"，表示利用从图案控制调板中选择的图案对图像进行修复。

② 对齐。表示每一次松开鼠标后，再次修复时，原取样图像不会丢失，将按没有修复好图像对齐之前的取样位置继续完成，并且不会错位。

（3）修补工具 ⬡

修补工具 ⬡ 是修复画笔工具功能的一个扩展。可利用图像的局部或图案来修复所选图像区域。其工具选项栏如图 3-2-23 所示。

图 3-2-23　"修补工具"选项栏

① 源。建立的选区为要修改的选区。如果将源图像区域拖曳至目标区域，源图像区域的图像将被目标区域的图像覆盖。

② 目标。建立的选区为要取样的选区。如果将目标图像区域拖曳至所需覆盖的位置，则目标区域的图像将会覆盖拖曳到区域中的图像。

（4）红眼工具 ⊹⊙

红眼工具 ⊹⊙ 是 Photoshop CS5 中用来修饰数码相片的工具，用于消除相片中的红眼现象。其工具选项栏如图 3-2-24 所示。

图 3-2-24　"红眼工具"选项栏

该工具只要在工具选项栏中设置好各参数，并在图像中红眼位置单击一下即可。

3. 润饰工具

Photoshop CS5 提供两组共 6 个润饰工具，分别是：模糊工具 ◌、锐化工具 △、涂抹工具 ◌、减淡工具 ◌、加深工具 ◌ 和海绵工具 ◌。

（1）模糊工具 ◌

模糊工具 ◌ 是一种通过画笔使图案变模糊的工具，其原理是通过降低像素之间的反差，其工具选项栏如图 3-2-25 所示。

图 3–2–25 “模糊工具”选项栏

① 强度。选择画笔的压力大小。强度越大，其模糊效果越明显。

② 对所有图层取样。使画笔作用于所有图层的可见部分。

（2）锐化工具

锐化工具与模糊工具相反，它是一种使图像色彩锐化的工具，即增大像素间的反差。其工具选项栏如图 3–2–26 所示。

图 3–2–26 “锐化”工具选项栏

4. 擦除工具

Photoshop CS5 提供的擦除工具是橡皮工具组，橡皮工具组的主要任务是完成对图像的擦除，一共有三种工具：橡皮擦工具、背景橡皮擦工具和魔术橡皮擦工具，如图 3–2–27 所示。

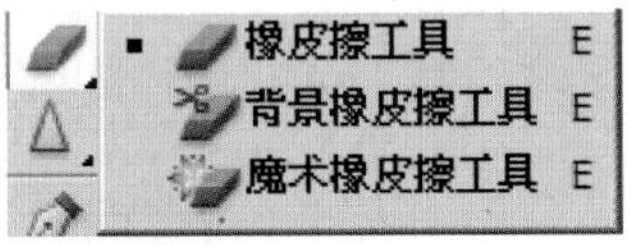

图 3–2–27 橡皮工具组

（1）橡皮擦工具

橡皮擦工具可抹除像素。当使用橡皮擦工具擦除图像背景图层时，将使用背景颜色填充图像中被擦除的部分。其工具选项栏如图 3–2–28 所示。

图 3–2–28 “橡皮擦工具”选项栏

① 画笔。设置笔尖的形状、大小、硬度及其角度、圆度等。

② 模式。擦除效果模式，提供三种模式：画笔、铅笔和块。

③ 不透明度。设置画笔或铅笔擦除效果的不透明度。

④ 抹到历史记录。擦除的图像部分会以“历史记录”调节器中记录的图像最初画面状态进行填充，而不是使用背景色填充。它类似历史记录画笔工具。

（2）背景橡皮擦工具

背景橡皮擦工具在拖曳时可以将背景图层和普通图层的图像都擦成透明色，而且当其应用于背景图层时，背景图层会自动转换成普通图层。其工具选项栏如图 3–2–29 所示。

① 颜色取样方式。下拉列表框中有三种方式。

• 连续。当用鼠标在图像中拖曳时，拖曳经过处的颜色即为擦除颜色。

图 3–2–29 背景橡皮擦工具选项栏

- 一次 。在图像中单击时的颜色即为擦除颜色。
- 背景色板 ⬛。擦除的颜色同背景颜色相同。

② 限制。该下拉列表框中有三种限制擦除模式。

- 不连续。擦除图像中任何位置的颜色。
- 邻近。擦除包含取样色并且相互连接的图像区域。
- 查找边缘。擦除图像对象周围的取样色，使对象更加突出。

③ 容差。表示擦除的颜色的相似度。

（3）魔术橡皮擦工具 ▨

使用魔术橡皮擦工具 ▨，可以擦除该图层中所有相近的颜色，或只擦除连续的像素颜色。魔术橡皮擦工具在纯色区域只需单击一次即可擦为透明区域。其工具选项栏如图 3-2-30 所示。

图 3-2-30　魔术橡皮擦工具选项栏

任务 3　图像的校正——校正"倾斜塔"照片

【学习目标】
- 镜头校正滤镜的使用
- 消失点滤镜的使用
- 液化滤镜的使用

【实战演练】

本案例介绍利用镜头校正滤镜、消失点滤镜和液化滤镜对相片进行修复和修饰，素材与效果如图 3-3-1 所示。

（a）素材　　　　　　　　（b）效果

图 3-3-1　案例素材与效果

1. 校正图像

（1）执行"文件→新建"命令，设置宽度为：800 像素；高度为：800 像素；分辨率为：180 像素／英寸；颜色模式为：RGB 颜色；背景内容为：透明。单击"确定"按钮，建立新文件，并将文件存储为"3-3.psd"。

（2）执行"文件→打开"命令，打开素材文件"3-3a.jpg"。用移动工具将文件中的图像复制到"3-3.psd"文件，如图 3-3-2 所示。

（3）执行"滤镜→镜头校正"命令，弹出"镜头校正"对话框，单击"自定"选项卡。在图像下方勾选"显示网格"复选框，如图 3-3-3 所示。

（4）单击"拉直工具"按钮 ，将光标移到图像上，沿塔的中轴线按住鼠标左键拖曳，绘制一条直线，如图 3-3-4 所示。松开鼠标，图像摆正，效果如图 3-3-5 所示。

图 3-3-2 复制图片

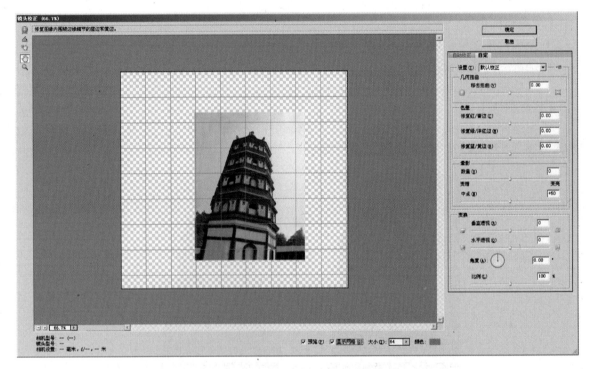

图 3-3-3 "镜头校正"对话框

图 3-3-4　绘制直线

图 3-3-5　校正效果

（5）在"自定"选项卡中设置"几何扭曲"，通过拖动"移去扭曲"滑块进行向右调整或设置"移去扭曲"的值为：63，如图 3-3-6 所示。校正塔中间的桶状变形。效果如图 3-3-7 所示。

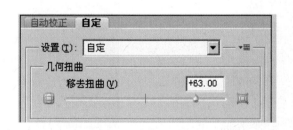

图 3-3-6　"几何扭曲"参数设置

图 3-3-7　校正效果

（6）设置"变换"中的"垂直透视"，通过拖动"垂直透视"滑块向左进行调整，或设置"垂直透视"的值为：-75。将"比例"设置为：89%，如图 3-3-8 所示。将倾斜的建筑拉直，并将比例缩小。设置好后单击"确定"按钮。效果如图 3-3-9 所示。

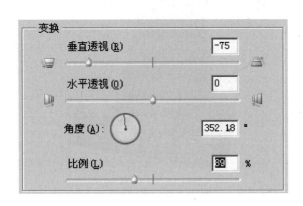

图 3-3-8 "变换"参数设置   图 3-3-9 校正效果

2. 修补相片

（1）执行"滤镜→消失点"命令，弹出"消失点"对话框，如图 3-3-10 所示。

图 3-3-10 "消失点"对话框

（2）单击"创建平面工具" ，在图像中单击定义四个角的节点，如图 3-3-11 所示。节点之间自动连接成为透视平面，效果如图 3-3-12 所示。

图 3-3-11　定义四个角的节点　　　　　图 3-3-12　透视平面效果

（3）单击选框工具 ，在图像上拖曳鼠标，创建一个选区，如图 3-3-13 所示。按住 <Ctrl> 键，在选区上，按住鼠标左键，将选区拖到下面的位置。对选区进行透视复制，效果如图 3-3-14 所示。

图 3-3-13　创建选区　　　　　　　　图 3-3-14　复制图像效果

（4）单击图章工具 ![图章工具图标]，然后将光标移到图像上，按住 <Alt> 键，并单击，在图像上设置仿制源，如图 3-3-15 所示。将光标移到需复制的位置，拖曳鼠标进行复制，如图 3-3-16 所示。效果如图 3-3-17 所示。

图 3-3-15 设置仿制源　　　　图 3-3-16 复制　　　　图 3-3-17 修补效果

（5）单击平面编辑工具 ![平面编辑工具图标]，在图像上单击节点，按住鼠标左键不放并拖移节点，分别调整 4 个节点，如图 3-3-18 所示。按照（4）中方法修补复制下面部分。效果如图 3-3-19 所示。

（6）用同样方法完成修补，效果如图 3-3-20 所示。

图 3-3-18 平面编辑　　　　图 3-3-19 修补中间效果　　　　图 3-3-20 修补右侧效果

3. 背景修饰

（1）用修补工具对塔后面的背景进行修饰，效果如图 3-3-21 所示。

（2）新建图层"图层 3"，选择工具箱中的画笔工具，设置前景颜色为白色，设置画笔大小，然后随意涂抹一些线条，效果如图 3-3-22 所示。

图 3-3-21　背景效果　　　　　图 3-3-22　画笔效果

（3）执行"滤镜→液化"命令，弹出"液化"对话框，如图 3-3-23 所示。

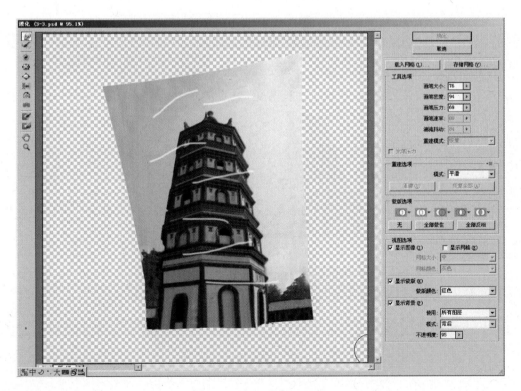

图 3-3-23　"液化"对话框

（4）在对话框中，单击湍流工具 ，调整工具的参数，然后对图像中的白色线条进行涂抹，可以边涂抹边调整工具的参数，得到各种效果，也可以更换其他变形工具尝试不同的效果。完成后单击"确定"按钮。并在"图层"调板中将"不透明度"设为65%。效果如图3-3-24所示。

（5）选择工具箱中的裁剪工具 ，进行适当的裁切，完成修饰，保存文件。

【知识提要】

利用滤镜也是修复图像和创建艺术效果的有效方法，如"镜头校正"滤镜可修复桶形和枕形失真等常见的镜头瑕疵。

1. 镜头校正

执行"镜头校正"命令可以修复摄影时由于对镜头的调整不慎而造成镜头缺陷，例如桶形失真、枕形失真、晕影及色差等，执行"滤镜→镜头校正"命令，弹出"镜头校正"对话框，如图3-3-25所示。

图3-3-24　涂抹效果

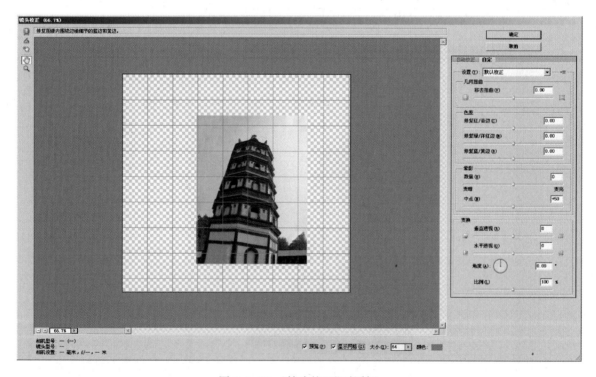

图3-3-25　"镜头校正"对话框

对话框分为三个区域：工具区、预览和操作窗口。校正可以用工具进行，也可以通过设置参数的值进行。

（1）工具区

① 移去扭曲工具。校正镜头桶形失真或枕形失真。

② 拉直工具。校正倾斜的图像。

③ 移动网格工具。移动网格以调整网格与图像对齐。

④ 抓手工具。移动图像画面。

⑤ 缩放工具。视图的放大缩小。

（2）参数设置区

① 自动校正。

• 搜索条件。可以设置相机的品牌、型号和镜头型号。

• 矫正。"搜索条件"设置好，选项栏中的选项才变为可用状态，勾选要解决的问题。

在对话框的左侧选择缩放工具 🔍，然后在预览窗口中单击，将图像放大。同时使用"抓手"工具，单击并拖动预览图像，方便查看图像。

• 镜头配置文件。设置匹配的配置文件。

② 自定。

如果对校正扭曲的效果不满意，可以单击对话框中的"自定"选项卡，设置其各项参数，精确地校正扭曲。

• 设置。校正几何扭曲。

几何扭曲使校正镜头桶形失真或枕形失真，与移去扭曲工具作用相同，拖动滑块或在输入框中输入值进行调整。

• 色差。校正图像中的色差。

• 晕影。校正由于镜头缺陷或镜头遮光处理不正确而导致边缘较暗的图像。

• 变换。校正图像的透视和旋转角度。

2. 液化滤镜

"液化"滤镜主要是对图像进行任意的扭曲，包括旋转、扭曲、膨胀等。但是"液化"滤镜不适用于所有的图像，只能用于 RGB、CMYK、Lab 和灰度模式等。"液化"滤镜对话框如图 3-3-26 所示。

（1）工具区

工具区中为"液化"滤镜操作时所用到的各种工具，各工具的作用如下。

① 向前变形工具。在图像上拖动，图像随涂抹而产生变形。

② 重建工具。可以使已经扭曲的图像恢复。

③ 顺时针旋转扭曲工具。使图像产生顺时针旋转效果。

④ 褶皱工具。使图像向操作中心点收缩从而产生挤压效果。

⑤ 膨胀工具。使图像从中心离开，产生膨胀效果。

⑥ 左推工具。移动与描边方向垂直的像素。

⑦ 镜像工具。将像素复制到画笔区域。

⑧ 湍流工具。能平滑地拼凑像素，适合制作火焰、云彩和波浪等效果。

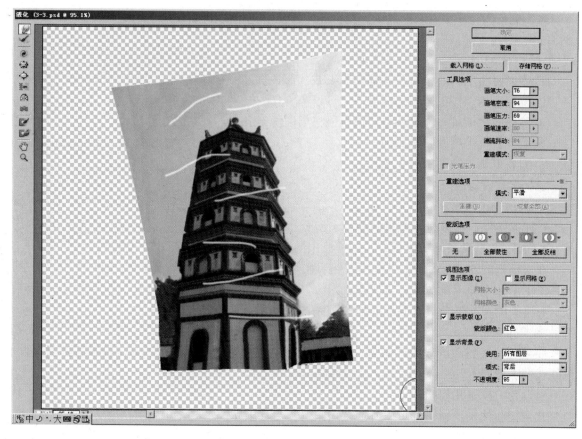

图 3-3-26　液化对话框

⑨ 冻结工具。被该工具涂抹过的区域被保护起来，不受下次操作的影响。

⑩ 解冻工具。解除使用冻结工具所保护的区域。

（2）工具选项

工具选项用来设置当前选择的工具的属性，如扭曲时使用的画笔大小和压力程度。

（3）重新选项

该选项用来设置重建的方式和撤销所做的调整，如恢复扭曲的图像。

（4）蒙版选项区

该选项用于编辑、修改蒙版区域，设置蒙版的保留方式。

（5）视图选项

该选项用于设置在画面中显示或隐藏蒙版区域或网格，还可以对网格大小、颜色、蒙版颜色、背景模式和不透明度进行设置。

3. 消失点滤镜

"消失点"滤镜能在处理的图像中自动按透视进行调整。执行"滤镜→消失点"命令，弹出"消失点"对话框，如图 3-3-27 所示。

对话框中包含：定义透视平面的工具、编辑图像的工具、预览图像的工作区。

图 3-3-27 "消失点"对话框

① 编辑平面工具。对已生成的透视框进行编辑，可以选择、编辑、移动平面的节点以及调整平面大小。

② 创建平面工具。定义透视平面的四个角节点，绘制透视网格来确定图像的透视角度。

③ 选框工具。在透视网格内绘制选区，以选中要复制的图像。或选择要放置透视网格内的图像。

④ 图章工具。在透视网格内定义图像，然后在所需要的地方进行涂抹，用以修复图像。

⑤ 画笔工具。在透视网格内绘图。

⑥ 变换工具。对选中的图像进行放大或缩小操作。

⑦ 吸管工具。在图像中吸取画笔绘图时所需的颜色。

⑧ 测量工具。在平面中测量项目的距离和角度。

⑨ 抓手工具、缩放工具。缩放窗口的显示比例和移动画面。

实　　训

利用本单元所介绍的知识，完成图 3-4-1 所示的广告绘制。

操作提示如下：

图 3-4-1　实训效果图

（1）对素材进行图像大小调整。
（2）使用魔术橡皮擦工具擦除素材背景。
（3）用修复工具去除人物面部斑点、去红眼；用液化滤镜美化人物头发。
（4）运用消失点滤镜绘制包装盒子的广告。

单元 4

图像的色彩调整

图像色调和色彩调整是图像处理的重要内容。对色调和色彩的调整主要包括对图像的明暗度、对比度、饱和度以及色相的调整。只有有效地控制图像色调和色彩，才能制作出具有高品质的图像。Photoshop 提供大量色彩和色调调整工具，可用于处理图像和数码照片，本单元将通过实例介绍 Photoshop 的色彩调整知识。

任务 1　色调的调整——调整人物照片色调

【学习目标】
- 色调调整命令
- 色调调整命令的应用

【实战演练】
根据提供的素材，如图 4-1-1、图 4-1-2 所示，完成图 4-1-3 所示效果。

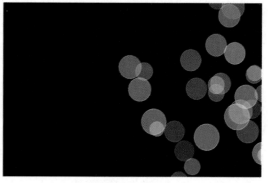

图 4-1-1　原图　　　　　　　　　　图 4-1-2　背景素材 "4-1-2.jpg"

在本案例中，主要介绍外景人物照片的色调调整方法。这类照片在调整人物的同时，也需要对背景等部分进行调整，使画面看上去清新、自然。案例中运用到 "图像→调整" 命令菜单中的图像色调调整命令。

图 4-1-3　图像调整后效果

（1）用 Photoshop 打 开 素 材 文 件 "4-1-1.jpg"，按 下 <Ctrl+J> 快捷键，复制 "背景" 图层为 "图层 1"，如图 4-1-4 所示。

（2）执行 "图像→调整→色阶" 命令（快捷键为 <Ctrl+L>），如图 4-1-5 所示，打开 "色阶" 对话框，在 RGB 通道中输入色阶数值，参数设置如图 4-1-6 所示，效果如图 4-1-7 所示。

图 4-1-4　复制图层

图 4-1-5　色阶调整命令

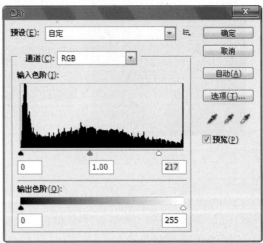

图 4-1-6　色阶参数设置

图 4-1-7　调整效果

（3）执行"图像→调整→曲线"命令（快捷键为 <Ctrl+M>），如图 4-1-8 所示，调整曲线，如图 4-1-9 所示，用曲线将照片整体提亮一些，效果如图 4-1-10 所示。

（4）按 <Q> 键进入"以快速蒙版模式编辑"，然后使用画笔工具 将照片中人物的眼睛和嘴巴涂抹起来，效果如图 4-1-11 所示。再次按 <Q> 键，退出"以快速蒙版模式编辑"，转入到"以标准模式编辑"，这时便得到去除眼睛和嘴巴的选区。

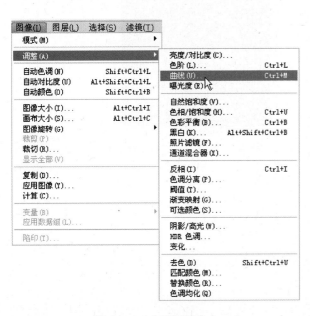

图 4-1-8　曲线调整命令

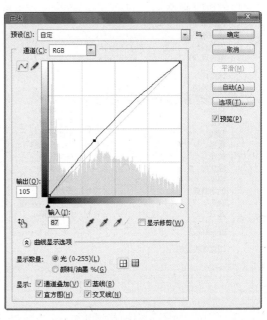

图 4-1-9　曲线调整

图 4-1-10　调整效果

图 4-1-11　涂抹眼睛和嘴巴

（5）得到选区以后，按 <Ctrl+Alt+D> 快捷键，执行半径为 2 像素的羽化处理，如图 4-1-12 所示。

（6）按 <Ctrl+J> 快捷键复制选区内容，生成"图层2"，对该图层执行半径为 5 像素的特殊模糊命令，如图 4-1-13 所示，参数设置如图 4-1-14 所示。

图 4-1-12　羽化选区

图 4-1-13　特殊模糊命令

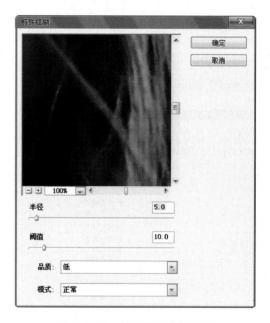

图 4-1-14　特殊模糊参数设置

（7）按 <Ctrl+F> 快捷键重复一次特殊模糊命令，如图 4-1-15 所示，并按 <Ctrl+E> 快捷键合并"图层 1"和"图层 2"，效果如图 4-1-16 所示。

图 4-1-15　重复特殊模糊命令　　　　　　　　图 4-1-16　合并图层后效果

（8）选中"背景"图层，选择工具栏中的魔棒工具，把照片中的人物背景选中，按 <Ctrl+Alt+D> 快捷键，执行半径为 10 像素的羽化处理命令，再执行"图像→调整→色彩平衡"命令（快捷键为 <Ctrl+B>），在"色彩平衡"对话框中，勾选"保持明度"复选框和选中"中间调"单选按钮，设置参数如图 4-1-17 所示，调整后效果如图 4-1-18 所示。

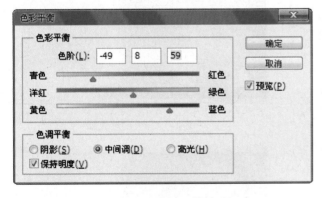

图 4-1-17　调整色彩平衡

图 4-1-18　调整效果

（9）按 <Ctrl+D> 快捷键，取消选区，再按 <Ctrl+M> 快捷键，用曲线对照片中人物的肤色进行调整，设置参数如图 4-1-19 所示，调整后效果如图 4-1-20 所示。

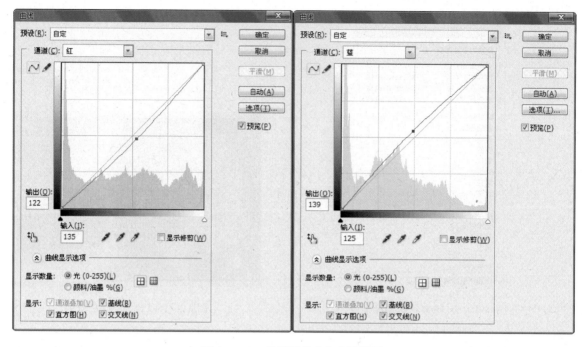

图 4-1-19　曲线调整命令参数设置

（10）执行"亮度 / 对比度"命令将照片整体提亮，参数设置如图 4-1-21 所示，调整后效果如图 4-1-22 所示。

（11）打开背景素材文件"4-1-2.psd"，并用移动工具将素材拖入到当前图像中，调整到适当的位置，为图像添加装饰图形，最终效果如图 4-1-23 所示。

（12）保存文件。

图 4-1-20　调整效果

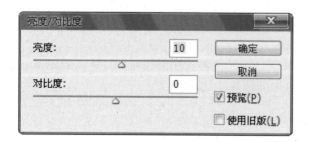

图 4-1-21　亮度 / 对比度命令

图 4-1-22　调整效果

图 4-1-23　最终效果

任务 2　颜色与通道——修饰婚纱照片

【学习目标】

- 通道的主要功能及其分类
- 通道的基本操作
- 通道调板
- 结合通道与图像调整命令抠图
- 使用颜色通道增加人物皮肤的细节
- 使用通道对图像进行锐化

【实战演练】

　　本案例从实用功能方面介绍通道和颜色的用途。通过本案例的学习，读者可了解通道的实际应用和使用方法，掌握如何结合通道与图像调整命令进行抠图的方法，以及利用通道对图像颜色进行修饰以及锐化图像的技巧。

　　根据提供的素材，如图 4-2-1 所示，完成图 4-2-2 所示效果。

　　1. 利用通道抠出背景较为单一的婚纱人物

　　（1）打开原图"婚纱 .jpg"文件，如图 4-2-1 所示。执行"图层→新建→通过拷贝的图层"命令（快捷键为 <Ctrl +J>），将背景图层复制为两层，分别命名为"图层 1"，"图层

图 4-2-1　原图"婚纱 .jpg"　　　　图 4-2-2　调整效果

2"，如图 4-2-3 所示。

（2）隐藏"图层 2"，选择"图层 1"，执行"图像→调整→去色"命令（快捷键为 <Ctrl+Shift+U>），将图像去色，如图 4-2-4 所示。

图 4-2-3　复制图层　　　　　　图 4-2-4　图像去色

（3）调出"通道"调板，选择"蓝"通道，将"蓝"通道复制生成"蓝副本"通道，如图 4-2-5 所示。

（4）执行"图像→调整→色阶"命令（快捷键为 <Ctrl+L>）调整色阶，弹出"色阶"对话框，参数设置如图 4-2-6 所示。

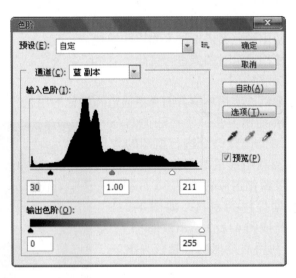

图 4-2-5　复制蓝通道　　　　　　图 4-2-6　调整色阶参数设置

（5）执行"图像→调整→反相"命令（快捷键为 <Ctrl+I>），对图像进行反相处理，效果如图 4-2-7 所示；设置前景为白色，然后用画笔工具在人物上进行涂抹，注意透明婚纱部分不需要涂抹，涂抹后效果如图 4-2-8 所示。

图 4-2-7　反相命令

图 4-2-8　涂抹后效果

（6）涂抹完成后，用魔棒工具选中中间白色区域，如图 4-2-9 所示，再选择任意一个通道复制，这里是选择"蓝"通道复制，如图 4-2-10 所示。

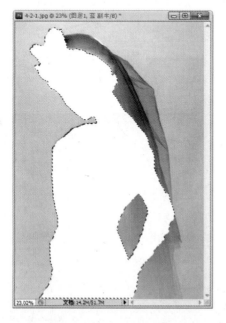

图 4-2-9　选中白色区域

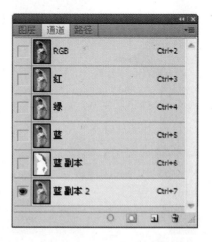

图 4-2-10　复制"蓝"通道

（7）选中新复制的"蓝副本 2"通道，注意前面的选区不要取消，把选区部分填充白色，效果如图 4-2-11 所示，"通道"调板如图 4-2-12 所示。

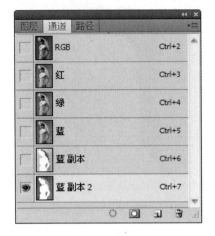

图 4-2-11　填充选区　　　　　　　　图 4-2-12　"通道"调板

（8）再用黑色画笔工具将婚纱外面的背景部分涂抹上黑色，效果如图 4-2-13 所示。

（9）按住 <Ctrl> 键，单击"蓝副本 2"缩览图即可载入通道中的选区，如图 4-2-14 所示。

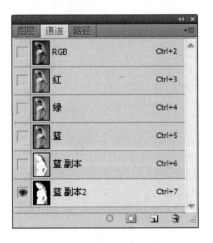

图 4-2-13　涂抹背景效果　　　　　　图 4-2-14　"通道"调板

（10）回到"图层"调板，选择"图层1"，单击蒙版按钮，"图层"调板如图4-2-15所示，得到如图4-2-16所示的效果。

图4-2-15 "图层"调板

图4-2-16 图层效果

（11）回到"通道"调板，用魔棒工具将"蓝副本"的白色区域选中，得到如图4-2-17所示的效果，"通道"调板如图4-2-18所示。

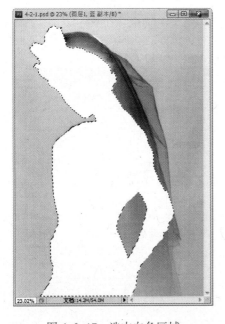

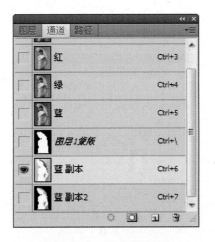

图4-2-17 选中白色区域

图4-2-18 "通道"调板

（12）回到图层中，选择"图层 2"，打开"图层 2"前面的眼睛，如图 4-2-19 所示；按 <Ctrl+Shift+I> 快捷键把选区反选，按 <Delete> 键删除，单击"背景"左侧的图标 ，将"背景"隐藏，完成婚纱人物的抠图，效果如图 4-2-20 所示。"图层"调板如图 4-2-21 所示。

图 4-2-19　打开"图层 2"

图 4-2-20　反选删除背景

（13）将文件另命名为"4-2-1.psd"进行保存。

2. 为婚纱人物照片加高光背景

（1）打开文件"4-2-1.psd"，单击"图层 1"、"图层 2"左侧的图标 ，将"图层 1"、"图层 2"隐藏，执行"图层→新建→通过拷贝的图层"命令（快捷键为 <Ctrl + J>），将"背景"图层复

图 4-2-21　"图层"调板

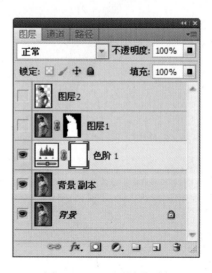

图 4-2-22　"图层"调板

制一层，然后创建色阶调整图层，"图层"调板如图 4-2-22 所示，色阶参数设置如图 4-2-23 所示，效果如图 4-2-24 所示。

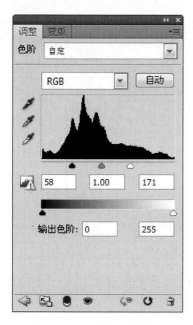

图 4-2-23 色阶参数设置

图 4-2-24 调整效果

（2）新建"图层 3"，按 <Ctrl+Alt+Shift+E> 快捷键盖印图层，选择盖印图层，执行"滤镜→模糊→动感模糊"命令，参数设置如图 4-2-25 所示，确定后再按 <Ctrl+Shift+U> 快捷键去色，效果如图 4-2-26 所示。

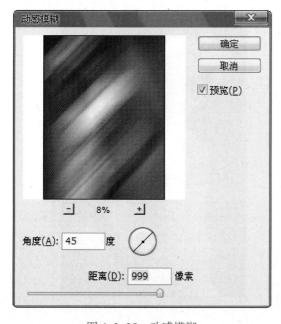

图 4-2-25 动感模糊

图 4-2-26 图像效果

（3）把去色后的图层混合模式改为"柔光"，效果如图 4-2-27 所示。

（4）创建"曲线调整"图层，参数设置如图 4-2-28 所示，调整效果如图 4-2-29 所示。

图 4-2-27　柔光效果

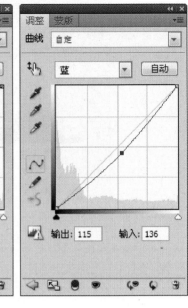

图 4-2-28　曲线调整参数设置

（5）新建"图层 4"，用套索工具勾出图 4-2-30 所示选区；按 <Ctrl + Alt + D> 快捷键羽化 50 像素，再填充白色，如图 4-2-31 所示；然后把图层混合模式改为"叠加"，按 <Ctrl + D> 快捷键取消选区，效果如图 4-2-32 所示。

图 4-2-29　调整效果

图 4-2-30　勾出选区

图 4-2-31 羽化填充

图 4-2-32 叠加模式效果

（6）新建"图层 5"，按 <Ctrl+Alt+Shift+E> 快捷键盖印图层，打开"图层 1"、"图层 2"左侧的图标 👁，效果如图 4-2-33 所示。

（7）将"图层 1"复制一层生成"图层 1 副本"，如图 4-2-34 所示；执行"图像→调整→色彩平衡"命令，参数设置如图 4-2-35 所示，调整后婚纱的颜色效果如图 4-2-36 所示。

图 4-2-33 图层效果

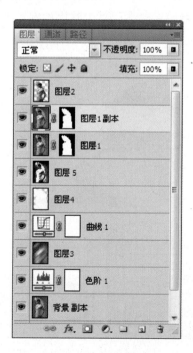

图 4-2-34 复制图层

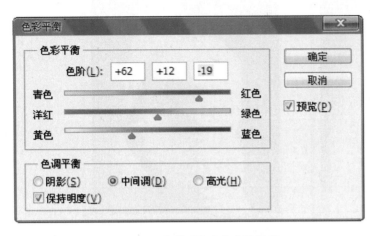

图 4-2-35　色彩平衡命令参数设置　　　　　　　图 4-2-36　调整后效果

3. 使用颜色通道为人物皮肤图像增加细节

（1）隐藏除"图层 2"外的所有图层，调出"通道"调板，分别单击每个单色通道，观察每个通道的灰度图像，如图 4-2-37~ 图 4-2-39 所示。在这 3 个通道中找出图像细节最多、对比度最好的通道。"红"通道图像颜色过浅，细节较少；"蓝"通道图像颜色过暗，对比度不理想；"绿"通道比较满足要求。对于肤色来说，通常情况下，"绿"通道保留的细节最多，处理人物

图 4-2-37　"红"通道　　　　　　　　　图 4-2-38　"绿"通道

多采用"绿"通道，因此将利用该通道来进行调整。

（2）在"通道"调板上选择"绿"通道，执行"选择→全选"命令，选择整个通道中的灰度图像，然后执行"编辑→拷贝"命令，将"绿"通道中的图像进行复制，再在"背景"图层的上方新建"图层 6"，执行"编辑→粘贴"命令，将"绿"通道图像粘贴到该图层上，如图4-2-40 所示。

图 4-2-39 "蓝"通道

图 4-2-40 粘贴绿通道

（3）选择 RGB 复合通道并切换到"图层"调板，打开所有隐藏的图层，将设置"图层 6"的混合模式为"明度"，图像的对比度得到增强，并增加了细节，效果如图 4-2-41 所示。

（4）图像调整前后的效果对比如图 4-2-42所示。

（5）创建"色彩平衡调整"图层，参数设置如图 4-2-43 所示，调整图像的整体颜色，最终图像效果如图 4-2-44 所示，保存为"4-2.psd"文件。

【知识提要】

通道是 Photoshop 中较难理解也是较重要的概念，在实际工作中的运用也非常广泛。通道可以用于存储、编辑选区和蒙版，管理颜色，通道是记录和保存信息的载体，无论是颜色信息还是选择信息，都保存在通道中，并且通道

图 4-2-41 效果

调整前　　　　　　　　　　调整后

图 4-2-42　调整前后图像效果对比图

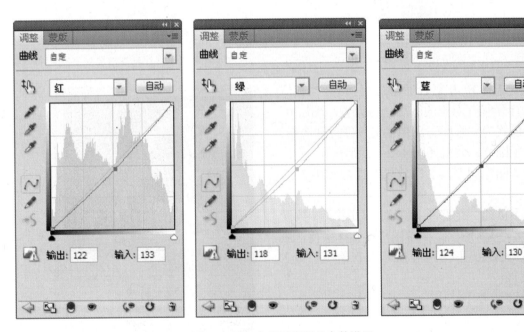

图 4-2-43　色彩平衡调整参数设置

可以对颜色和选区信息进行修改以及重新保存。简单来说，在 Photoshop 中，通道至少包含两个基本的内容：一是表示颜色；二是表示选区。

"通道"调板的基本操作如下：

1. 新建通道

单击"通道"调板底部的"新建通道"按钮 ，自动新建默认为纯黑色的 Alpha 通道。

2. 将选区保存为 Alpha 通道

将选区保存为 Alpha 通道是指选择一个选区后，如图 4-2-45 所示，单击"通道"调板底部的"选区存储为通道"按钮 ，可以将这个选区保存到 Alpha 通道中，如图 4-2-46 所示，方便随时可以将选区调出进行编辑，从 Alpha 通道中载入该选区，图像的效果不会受影响。

3. 将通道作为选区载入

载入选区是指将存储在 Alpha 通道中的选区载入到图像中。单击"通道"调板底部的"将通道作为选区载入"按钮 ，或者按住 <Ctrl> 键，单击通道缩览图即可载入

图 4-2-44 最终图像效果

通道中的选区，如图 4-2-47、图 4-2-48 所示。通道中的白色区域可以作为选区载入，黑色区域不能载入为选区，灰色区域载入后的选区带有羽化效果。载入选区常用于对存储的通道选区进行编辑操作，另外还可将存储的通道载入到同一图像的其他图层中。

图 4-2-45 选择选区

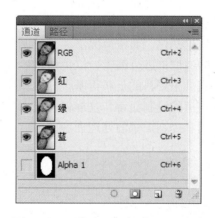

图 4-2-46 将选区保存到 Alpha 通道

图 4-2-47　"通道"调板　　　　　　图 4-2-48　载入通道中的选区

　　以上两种操作常用于对图像中的多个选区进行编辑操作。先将选区存储在不同的通道上，当需要对选区进行编辑时，再载入存储的通道选区，可方便对图像中的多个选区进行所需操作。

4. 通道的复制与删除

　　在"通道"调板中选择需要复制的通道，直接将通道缩略图拖到调板底部的"新建通道"按钮 ⬒ 上就可以复制通道。在"通道"调板中选择需要删除的通道，直接将该通道缩略图拖到调板底部的"删除通道"按钮 🗑 上。

　　无论是颜色通道还是 Alpha 通道，都可以进行复制和删除，但是，如果删除原有的图像通道，图像色彩会发生变化。通常情况下，只复制原有通道而不做删除操作。在编辑通道之前，可以先复制图像的通道再进行编辑，以免编辑后不能还原。

　　复制通道的主要目的是获得基于图像颜色信息的选区，从而对选区中的图像进行编辑和调整。就颜色通道的复制而言，这样做的优点是不破坏原有通道。对于一些无用通道，为节省文件的存储空间和提高图像的处理速度，可以将其删除。

任务 3　颜色的调整——调整风景颜色

【学习目标】
- 掌握颜色调整命令
- 掌握通道调色的方法
- 掌握 Lab 通道调整图像的方法
- 使用"匹配颜色"命令对两个图像进行颜色匹配

【实战演练】

根据提供的素材文件"夏天 .jpg",如图 4-3-1 所示,将"夏天"调整为"秋天"图像,如图 4-3-2、图 4-3-3、图 4-3-4 所示的三种效果。

图 4-3-1　夏天原图

图 4-3-2　调整效果 1

图 4-3-3　调整效果 2

图 4-3-4　调整效果 3

1. 利用颜色调整命令改变图像的色彩

（1）打开素材文件"夏天 .jpg",如图 4-3-5 所示,创建可选颜色调整图层,如图 4-3-6 所示,参数设置如图 4-3-7 所示, 效果如图 4-3-8 所示。

图 4-3-5　"夏天"原图

图 4-3-6　可选颜色调整图层

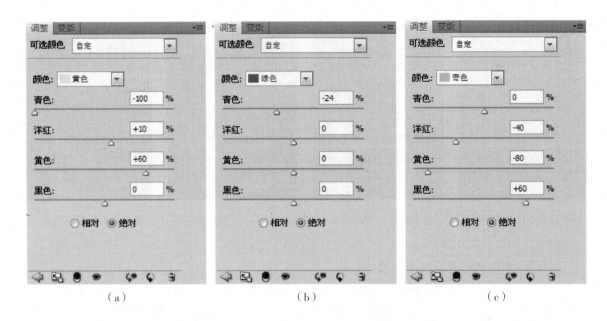

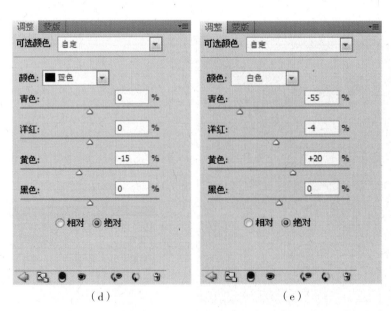

图 4-3-7　可选颜色调整参数设置

图 4-3-8　调整后效果

（2）把可选颜色调整图层复制一层，生成"选取颜色 1 副本"，如图 4-3-9 所示，图层不透明度改为：20%，效果如图 4-3-10 所示。

图 4-3-9　复制图层　　　　　　　　　图 4-3-10　调整图层不透明度效果

（3）创建通道混合器调整图层，对红色通道、绿色通道及蓝色通道进行调整，参数设置如图 4-3-11 所示，效果如图 4-3-12 所示。

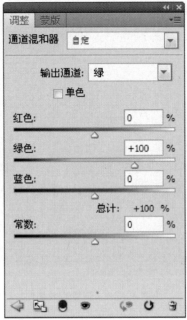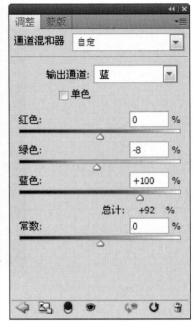

图 4-3-11　创建通道混合器调整图层

图 4-3-12　调整后效果

（4）创建可选颜色调整图层，对红色通道进行调整，参数设置如图 4-3-13 所示，效果如图 4-3-14 所示。

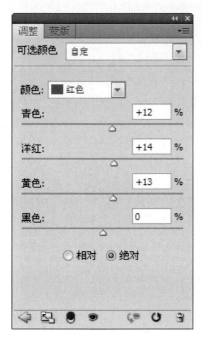

图 4-3-13 设置可选颜色参数

图 4-3-14 调整后效果

（5）新建一个图层，按 <Ctrl+Alt+Shift+E> 快捷键形成盖印图层。执行"滤镜→模糊→高斯模糊"命令，在弹出的"高斯模型"对话框中设置"半径"为 5 像素，如图 4-3-15 所示；确定后把"图层混合模式"设置为"柔光"，图层"不透明度"设置为：70%，如图 4-3-16 所示，效果如图 4-3-17 所示。

（6）创建曲线调整图层，参数设置如图 4-3-18 所示，调整后效果如图 4-3-19 所示。

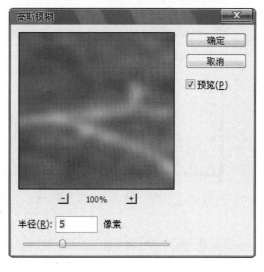

图 4-3-15 高斯模糊

图 4-3-16　设置图层混合模式　　　　　图 4-3-17　调整后效果

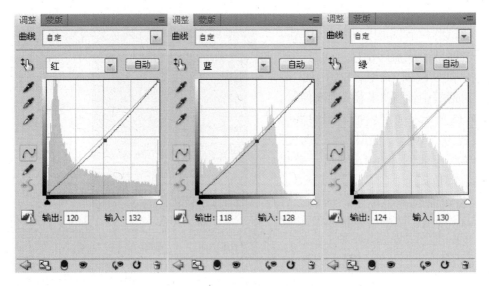

图 4-3-18　设置曲线调整参数设置

（7）创建色彩平衡调整图层，参数设置如图 4-3-20 所示，效果如图 4-3-21 所示。

（8）新建一个图层，盖印图层，图层混合模式改为"正片叠底"，图层不透明度改为：10%，如图 4-3-22 所示。

图 4-3-19　调整后效果

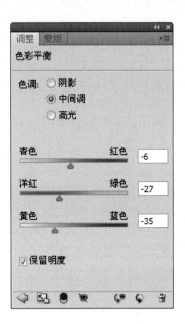

图 4-3-20　设置色彩平衡调整
参数设置

图 4-3-21　调整后效果

图 4-3-22　设置图层混合模式

（9）保存为"4-3.psd"文件，最终效果，如图 4-3-23 所示。

2. 使用 Lab 通道调整图像

（1）打开素材文件"夏天.jpg"，如图 4-3-24 所示，按 <Ctrl+J> 快捷键，将背景图层复制成"图层 1"，执行"图像→模式→ Lab 颜色"命令，将图像的 RGB 颜色模式转换为 Lab 颜色模式，如图 4-3-25 所示。

（2）打开"通道"调板，"通道"调板中显示 Lab "明度"、"a"通道、"b"通道，选择"b"通道，如图 4-3-26 所示，按 <Ctrl+A> 快捷键全选，按 <Ctrl+C> 快捷键复制"b"通道。选择"a"通道，按 <Ctrl+V> 快捷键，将"b"通道粘贴到"a"通道，如图 4-3-27 所示。选择 Lab 复合通道，如图 4-3-28 所示，并切换到"图层"调板，如图 4-3-29 所示。

图 4-3-23　最终效果

图 4-3-24　"夏天"原图

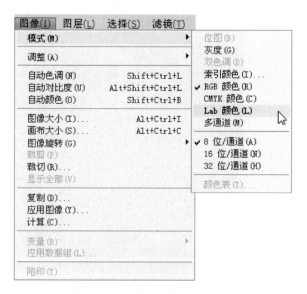

图 4-3-25　修改图像颜色模式

图 4-3-26 选择"b"通道

图 4-3-27 "b"通道粘贴到"a"通道

图 4-3-28 选择 Lab 复合通道

图 4-3-29 "图层"调板

（3）回到"图层"调板,执行"图像→模式→RGB 颜色"命令。创建色相/饱和度调整图层,参数设置如图 4-3-30 所示,效果如图 4-3-31 所示。

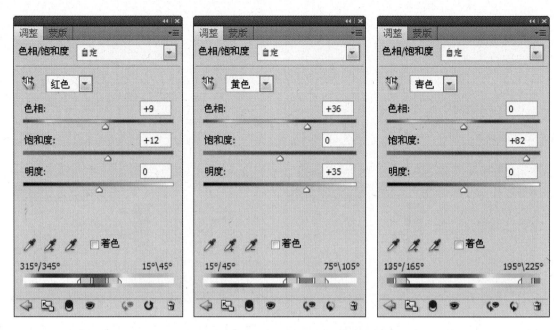

图 4-3-30 设置色相/饱和度调整参数

图 4-3-31 调整后效果

（4）创建曲线调整图层，选择"蓝"通道，参数调整如图4-3-32所示，效果如图4-3-33所示。

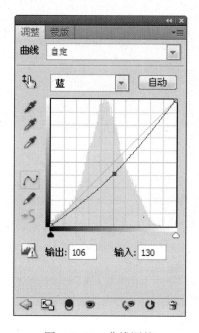

图4-3-32 曲线调整   图4-3-33 调整后效果

（5）按 <Ctrl+Alt+Shift+E> 快捷键，生成"图层2"盖印图层，如图4-3-34所示；然后选择减淡/加深工具适当地把画面调得更有层次一点，效果如图4-3-35所示。

图4-3-34 盖印图层   图4-3-35 调整后效果

（6）按 <Ctrl+J> 快捷键复制一层，把图层"混合模式"改为"柔光"，如图 4-3-36 所示，图层"不透明度"改为：30%，确定完成后最终效果如图 4-3-37 所示，保存为"秋天效果 2.psd"。

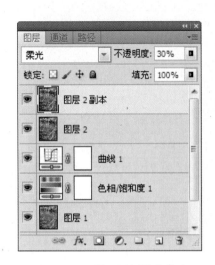

图 4-3-36　设置图层混合模式　　　　图 4-3-37　最终效果

3. 使用"匹配颜色"命令对两个图像进行颜色匹配

（1）执行"文件→打开"命令，打开素材文件"夏天 .jpg"和"秋天 .jpg"，如图 4-3-38 和图 4-3-39 所示。通过"匹配颜色"命令将"夏天"调整为与"秋天"相匹配的颜色。

图 4-3-38　"夏天"原图　　　　　　图 4-3-39　"秋天"素材

（2）将"夏天"图像处于被选中状态，执行"图像→调整→匹配颜色"命令，弹出"匹配颜色"对话框，如图4-3-40所示。在对话框中选择"源"图像为"秋天"素材，勾选"预览"复选框，一边调整参数一边观察"夏天"图像效果的变化。如图4-3-41所示，设置"明亮度"为100；"颜色强度"为200；"渐隐"为30。

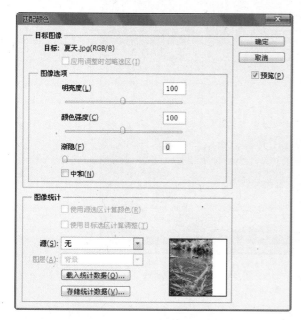 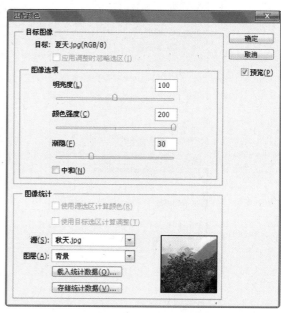

图4-3-40 "匹配颜色"对话框　　　　　　　图4-3-41 参数设置

（3）单击"确定"按钮，图像调整后的效果如图4-3-42所示。

图4-3-42 图像调整后的效果

（4）创建色彩平衡调整图层，参数设置如图 4-3-43 所示，效果如图 4-3-44 所示。

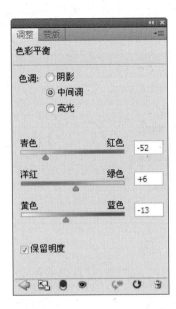

图 4-3-43 设置色彩平衡调整　　　　　　　图 4-3-44 调整效果

（5）创建可选颜色调整图层，参数设置如图 4-3-45 所示，效果如图 4-3-46 所示。

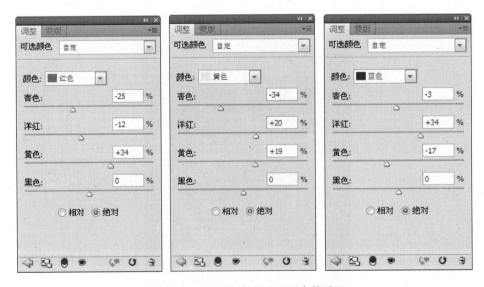

图 4-3-45 可选颜色调整图层参数设置

图 4-3-46 调整后效果

（6）调整前后"秋天"图像效果对比图如图 4-3-47 所示。

调整前　　　　　　　　　　　　调整后

图 4-3-47 调整前后图像效果对比图

（7）将文件保存为"秋天效果 3.psd"。

实　　训

根据图 4-4-1 所示的素材，调出室内人物照片红润的肤色，完成图 4-4-2 所示效果。

图 4-4-1　原图　　　　　　　　　　　　图 4-4-2　效果图

操作提示如下：

原图的色调有点单一，人物的肤色不够红润。调整的时候可以把人物肤色稍微调红一点，背景部分配合人物肤色调成青色或青绿色。步骤如下：

（1）打开原图素材，创建色彩平衡调整图层，设置参数，对阴影、中间调、高光进行调整，确定后用黑色画笔把人物部分擦出来。

（2）再创建色彩平衡调整图层，设置参数，对中间调及高光进行调整，勾选保持明度。

（3）创建曲线调整图层，对绿色进行调整，设置参数，确定后把图层不透明度改为：60%。

（4）创建可选颜色调整图层，对红色及白色进行调整，设置参数。

（5）按 <Ctrl+Alt+Shift+E> 快捷键生成"图层 2"盖印图层。用减淡工具把人物面部及头发高光部分涂亮一点。

（6）用套索工具把人物嘴唇部分抠出来，按 <Ctrl+Alt+D> 快捷键，弹出"羽化"对话框，羽化 1 个像素后创建色彩平衡调整图层，稍微调红一点。

（7）创建色彩平衡调整图层，对中间调进行调整，设置参数。

（8）创建可选颜色调整图层，对白色进行调整，设置参数，确定后只保留人物肤色部分，其他部分用黑色画笔擦出来。

（9）新建一个图层，简单给背景部分加上渐变效果，最后调整整体颜色，完成最终效果。

单元 5

图形绘制及绘画

在图像处理过程中，由于设计制作的需要，经常绘制一些图形运用于设计作品中。Photoshop 绘制图形的一般步骤为：先利用选区、画笔、路径、形状等工具绘制图形，再通过其他如渐变、加深减淡、滤镜等工具和命令配合使用完成最终效果。

任务 1　简单图案的绘制——绘制光盘

【学习目标】
- 利用选区绘制图形
- 渐变工具的使用方法
- 图形工具的使用方法

【实战演练】

在本案例中，主要介绍如何利用工具产生选区，并对选区进行颜色及渐变填充，完成简单图案的绘制，如图 5-1-1 所示。

图 5-1-1　光盘图形

1. 绘制背景及光盘效果

（1）执行"文件→新建"命令，设置宽度为 600 像素；高度为 400 像素；分辨率为 100 像素 / 英寸；颜色模式为 CMYK 颜色；背景内容为白色；如图 5-1-2 所示。单击"确定"按钮，建立新文件。

（2）执行"视图→新建参考线"命令，设置水平参考线位置为 200 像素；垂直参考线位置为 300 像素，如图 5-1-3、图 5-1-4 所示，生成图 5-1-5 所示参考线。

图 5-1-2 "新建"文件对话框

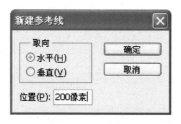

图 5-1-3 设置水平参考线

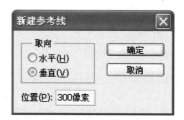

图 5-1-4 设置垂直参考线

（3）选择工具箱中的渐变工具 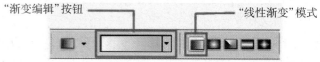，设置前景色为白色（C：0；M：0；Y：0；K：0）；背景色为蓝色（C：60；M：0；Y：15；K：0）。选择渐变模式为：线性，如图 5-1-6 所示，并单击"渐变编辑"按钮，出现"渐变编辑器"对话框，如图 5-1-7 所示，选择"前景色到背景色渐变"。

图 5-1-5 设置参考线效果

图 5-1-6 渐变参数栏

图 5-1-7 "渐变编辑器"对话框

（4）对"背景"图层填充所设置的渐变效果。

（5）新建"图层 1"，选择工具箱中的椭圆选框工具 ○，按住 <Alt+Shift> 快捷键，拖曳鼠标，以参考线交叉点为中心绘制一正圆选区，如图 5-1-8 所示。

（6）设置前景色为灰色（C：0；M：0；Y：0；K：50），背景色为浅灰色（C：0；M：0；Y：0；K：10），以斜 45° 选择"从前景色到背景色"渐变的"线性渐变"模式，填充正圆选区，效果如图 5-1-9 所示。

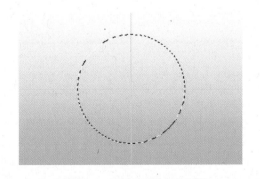

图 5-1-8 绘制正圆选区效果

图 5-1-9 渐变填充正圆选区效果

（7）新建"图层 2"，执行"选择→变换选区"命令，选区四周出现调整框，此时按住<Alt+Shift>快捷键，利用鼠标拖动调整框的右上角正圆选区缩小，效果如图 5-1-10 所示，按<Enter>键确定。

（8）选择工具箱中的渐变工具 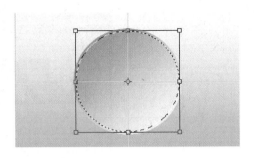，单击"渐变"属性栏中的"渐变编辑"按钮，出现"渐变编辑"对话框。

（9）对渐变条进行编辑，如图 5-1-11 所示，设置如下。

图 5-1-10 缩小选区效果

图 5-1-11 设置渐变条效果

位置：0　颜色（C：0；M：0；Y：0；K：0）；

位置：8　颜色（C：0；M：0；Y：0；K：20）；

位置：15　颜色（C：10；M：4；Y：5；K：0）；

位置：27　颜色（C：40；M：0；Y：0；K：0）；

位置：37　颜色（C：9；M：0；Y：55；K：0）；

位置：48　颜色（C：0；M：12；Y：6；K：0）；

位置：55　颜色（C：0；M：0；Y：0；K：10）；

位置：67　颜色（C：0；M：0；Y：0；K：20）；

位置：76　颜色（C：10；M：4；Y：5；K：0）；

位置：83　颜色（C：40；M：0；Y：0；K：0）；

位置：92　颜色（C：9；M：0；Y：55；K：0）；

位置：100　颜色（C：0；M：0；Y：0；K：0）。

单击"确定"按钮，以"角度"渐变模式 ，从圆心开始渐变，效果如图 5-1-12 所示。

（10）新建"图层 3"，执行"选择→变换选区"命令，按住 <Alt+Shift> 快捷键，利用鼠标拖动调整框的右上角正圆选区，缩小效果如图 5-1-13 所示，按 <Enter> 键确定。

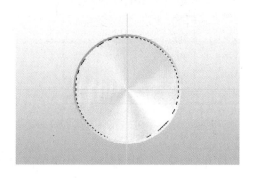

图 5-1-12　填充渐变效果

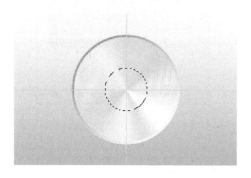

图 5-1-13　缩小选区效果

（11）设置前景色为灰色（C：0；M：0；Y：0；K：10），按 <Alt+Delete> 快捷键，填充选区，效果如图 5-1-14 所示。

（12）按照上两步的操作，缩小选区，分别填充（C：0；M：0；Y：0；K：30）、（C：0；M：0；Y：0；K：10），效果如图 5-1-15 所示。

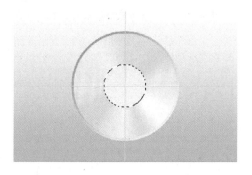

图 5-1-14　填充颜色效果

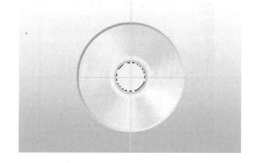

图 5-1-15　缩小选区效果

（13）再缩小选区，分别选择"图层 3"、"图层 2"、"图层 1"，按 <Delete> 键，删除图形中间部分，效果如图 5-1-16 所示。按 <Ctrl+D> 快捷键，取消选区。

（14）关闭"背景"图层显示，按住 <Ctrl> 键，分别单击"图层 1"、"图层 2"、"图层 3"，"图层"调板如图 5-1-17 所示。

（15）按 <Ctrl+Alt+Shift+E> 快捷键，生成盖印图层——图层 4。效果如图 5-1-18 所示。

图 5-1-16　删除图形中间部分效果

图 5-1-17 连续选择图层效果

图 5-1-18 生成盖印图层

（16）关闭"图层 1"、"图层 2"、"图层 3"显示，打开"背景"图层显示。效果如图 5-1-19 所示。

2. 阴影的制作

（1）按住 <Ctrl> 键，单击"图层"调板中"图层 4"的缩略图，生成光盘选区，如图 5-1-20 所示。

图 5-1-19 关闭图层显示

图 5-1-20 生成光盘选区

（2）新建"图层 5"，并将"图层 5"移到"图层 4"下方，执行"选择→修改→羽化"命令，打开"羽化选区"对话框，设置"羽化半径"为 15 像素，如图 5-1-21 所示。单击"确定"按钮。

（3）设置前景色为灰色（C：0；M：0；Y：0；K：60），按 <Ctrl+Delete> 快捷键，为光盘选区填充颜色，阴影效果如图 5-1-22 所示，取消选区。

图 5-1-21 "羽化选区"对话框

（4）选择"图层 4"，执行"编辑→变换→缩放"命令，将光盘图形进行调整，效果如图 5-1-23 所示；再执行"编辑→变换→旋转"命令，调整光盘图形位置，完成后，按 <Enter> 键确定，缩小效果如图 5-1-24 所示。

图 5-1-22　阴影效果

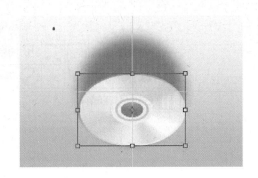

图 5-1-23　缩小光盘图形效果

（5）选择"图层 5"，执行"编辑→自由变换"命令，阴影出现调整框。按住 <Ctrl> 键，调整阴影，完成后，按 <Enter> 键确定。调整光盘及阴影位置，效果如图 5-1-25 所示。

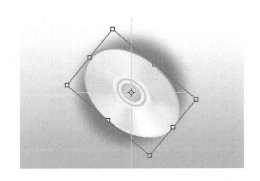

图 5-1-24　旋转光盘图形效果

图 5-1-25　调整后效果

3. 添加音符

（1）执行"视图→清除参考线"命令。

（2）新建"图层 6"，选择工具箱中的"自定义形状"工具 ，单击属性栏"形状"右边的按钮，单击"形状"调板右上角的按钮 ，在出现的下拉菜单中选择"音乐"，如图 5-1-26 所示。此时出现提示信息对话框，如图 5-1-27 所示，单击 追加(A) 按钮，"形状"调板中出现音乐符号形状，如图 5-1-28 所示。

（3）在"形状"调板中分别选择 ♪、♩形状，在图像中绘制出音符效果，如图 5-1-29 所示。

（4）按住 <Ctrl> 键，选择"形状 1"、"形状 2"、"形状 3"图层，执行"编辑→旋转"命令，调整音符位置及方向，效果如图 5-1-30 所示。

（5）单击"样式"面板右上角的 ，追加"Web 样式"，如图 5-1-31 所示。

（6）按住 <Ctrl> 键，在"图层"调板中分别单击"形状 1"、"形状 2"、"形状 3"，如图 5-1-32 所示；再单击"样式"调板中的"透明凝胶"样式，如图 5-1-33 所示。光盘图形最终效果如图 5-1-34 所示。

（7）将文件保存为"5-1.psd"，完成光盘图形的制作。

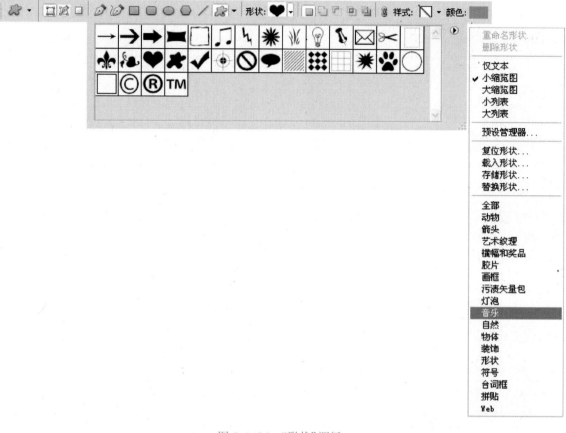

图 5-1-26 "形状"调板

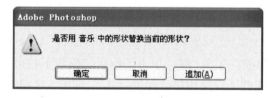

图 5-1-27 提示信息对话框

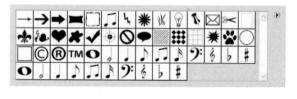

图 5-1-28 音乐符号形状

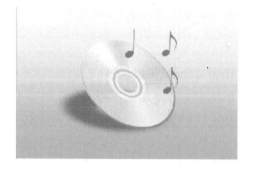

图 5-1-29 绘制音符效果

图 5-1-30 调整音符效果

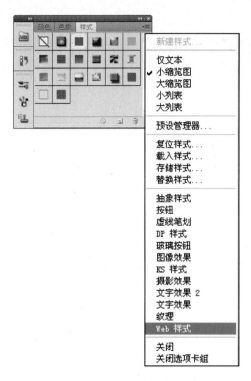

图 5-1-31　"样式"调板

图 5-1-32　"图层"调板

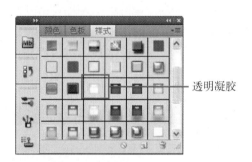

透明凝胶

图 5-1-33　单击"透明凝胶"样式

图 5-1-34　光盘图形最终效果

【知识提要】

在 Photoshop 中经常运用各种工具进行图像的制作，其中还包括图形的绘制。通过对工具产生的选区进行颜色填充，完成图形的制作是最简单的绘制方法。下面对 Photoshop CS5 的绘图流程进行说明。

1. 绘制图形

在 Photoshop 中绘制图形，主要是通过所绘制的图形产生选区来完成图形的制作。产生选区的工具有很多，本案例主要使用简单的选框工具来完成，这类工具在前面的章节都已经做了完整的介绍，在此主要介绍其使用方法。

2. 选择颜色

在 Photoshop 中，通过单击工具箱中的前景色与背景色按钮进行颜色的设置，如图 5-1-35 所示。前景色可理解为当前作图用的颜色，背景色可理解为当前图像背景画布颜色。

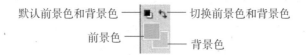

图 5-1-35 "前景色/背景色"设置按钮

注意：按 <X> 键可交换前景色与背景色，按 <D> 键使前景色与背景色恢复系统默认颜色。

无论单击"前景色"按钮或"背景色"按钮，都会出现"拾色器"对话框，如图 5-1-36 所示。在此可以进行颜色设定。具体有三种操作方法。

• 单击"拾色器"任何一点即可获取颜色。
• 拖动颜色条上的三角形滑块，可以选择不同颜色范围中的颜色。
• 在各颜色文本框中输入数值，可取得精确颜色。

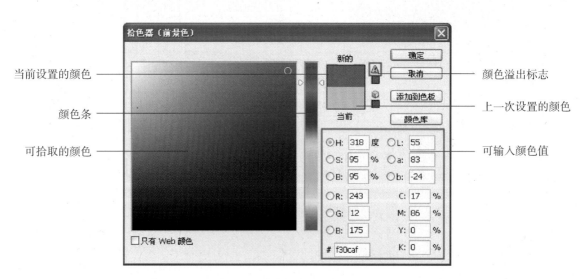

图 5-1-36 "拾色器（前景色）"对话框

注意：如果所选择的颜色超出了印刷区域的颜色，"拾色器"会出现"溢出"标志。

3. 填充颜色

在选区里进行颜色填充有两种方式，一种是利用工具箱中的"油漆桶"工具 🪣，另一种是执行"编辑→填充"命令。两者的区别是，如果选区已经有别的颜色，油漆桶工具不能一次性以前景色填充；而执行"编辑→填充"命令，无论选区是否有颜色，都一次性地用所设定的颜色将选区填满。快捷键为 <Alt+Delete> 快捷键。

（1）油漆桶工具

油漆桶工具 🪣 可以根据颜色的近似程度来填充颜色，填充效果类似执行"编辑→填充"命令。此工具选项栏包括：填充模式、不透明度、容差、消除锯齿、连续的、所有图层等选项，如图 5-1-37 所示。

图 5-1-37　油漆桶工具选项栏

通过填充选项可以设置以何种方式对画面进行填充，有两种选择：前景填充和图案填充。只有选择了"图案"填充方式，后面的"图案"选项才可选择，图 5-1-38 所示为各种填充效果。

（2）渐变填充

渐变工具 ▦ 也是常用的色彩填充工具，渐变色的填充能使得画面上具有多种过渡颜色的混合色，图像色调更加丰富多彩。

渐变工具 ▦ 可以创造出多种渐变效果，根据不同的效果，渐变类型分为 5 种。在选择好渐变模式和渐变颜色后，在画面上单击确定起点，然后拖曳鼠标，再单击终点。可能用拖曳线段的长短和方向来控制渐变最终效果。

前景填充　　　图案填充

图 5-1-38　各种填充效果

渐变工具选项栏包括：渐变选项、渐变类型、渐变模式、不透明度、反向、仿色和透明区域，如图 5-1-39 所示。

图 5-1-39　"渐变"工具选项栏

① 渐变选项框。渐变选项框用于进行色彩选择和编辑渐变的色彩，它是渐变工具最重要的部分，单击色彩条便会弹出"渐变编辑器"对话框，如图 5-1-40 所示。

"渐变编辑器"对话框分成三个部分：预设栏、参数设置区和按钮区。

- 预设栏。在预设栏中系统默认有 15 种渐变颜色，选取其中一种可以完成各颜色的渐变。
- 参数设置区。可以进行预设渐变颜色的参数修改，包括不透明度、颜色位置、颜色的添

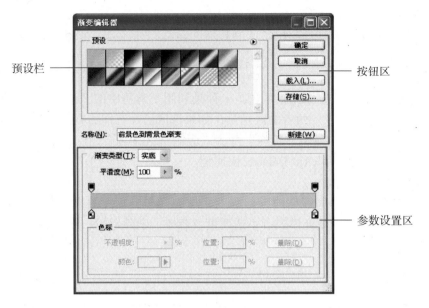

图 5-1-40 "渐变编辑器"对话框

加和删除等。

● 按钮区。在按钮区可以将编辑好的渐变颜色确定进行应用或是取消设置，如果需要，还可载入更多预设的渐变颜色，对设置的渐变颜色还可以进行存储。

要建立新的渐变，可按如下操作。

a. 单击"新建"按钮，输入新渐变名称（如果编辑现有的渐变，可在列表中选择想要编辑的色彩，然后在"名称"文本框中输入新名称），如图 5-1-41 所示。

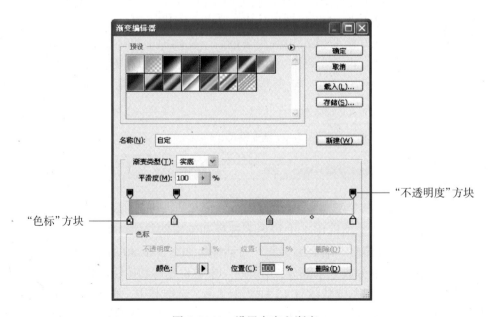

图 5-1-41 设置自定义渐变

　　b. 单击渐变轴下方左侧的"色标"方块，通过下方的"颜色"选项确定起点颜色；单击渐变轴下方右侧的"色标"方块，确定终点颜色；用鼠标点住方块在渐变轴上拖曳可以移到颜色变化点的位置。

　　c. 在渐变轴上方是"不透明度"的调整方块，可与下方的"不透明度"选项框对应使用。

　　d. 调整中间点（相邻两种颜色的色彩平衡混合处）只需要用鼠标拖曳菱形点；要在渐变中填入中间色彩，只需要在渐变轴下方单击，即自动生成一个"色标"方块，其色彩和位置的设定与起点和终点的设置相同。如果需要删除某个"色标"方块，可以单击这个"色标"方块，在渐变轴下方单击"删除"按钮，完成删除。

　　e. 设置好后，单击对话框上方"确定"按钮，完成新的渐变颜色设置。

　　② 渐变类型。根据产生的效果不同，渐变工具将渐变类型分成 5 种，包括：线性渐变、径向渐变、角度渐变、对称渐变和菱形渐变。各种渐变效果如图 5-1-42 所示。

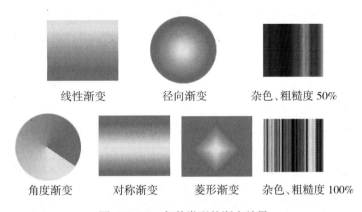

图 5-1-42　各种类型的渐变效果

（3）反向 / 仿色 / 透明区域

- 反向。勾选此项，渐变颜色顺序会颠倒。
- 仿色：勾选此项，会使渐变颜色的过渡更加柔和。
- 透明区域。勾选此项，"渐变编辑器"对话框中的"不透明度"才会生效；若不勾选此项，效果中的透明区域显示为前景色。

任务 2　插画的绘制——绘制彩虹下的小朋友

【学习目标】

- 图案填充的方法
- 画笔工具的使用
- 动态画笔的设置及使用
- 加深、减淡、涂抹工具的使用

【实战演练】

在本案例中，Photoshop 的画笔工具的使用使绘画更具有自由性，特别是动态画笔的使用，使得绘图变得更加简单，作品风格更加独特。效果如图 5-2-1 所示。

图 5-2-1　插画效果

1. 背景制作

（1）执行"文件→新建"命令，设置"宽度"为 800 像素；"高度"为 600 像素；"分辨率"为 72 像素 / 英寸；"颜色模式"为 RGB 颜色；"背景内容"为白色；如图 5-2-2 所示。单击"确定"按钮，建立新文件。

图 5-2-2　"新建"对话框

（2）选择工具箱中的渐变工具 ，设置前景色为蓝色（R:15；G:225；B:250），如图 5-2-3 所示；背景色为白色（R：255；G：255；B：255）。选择"前景色到背景色渐变"，设置渐变模式为：线性。按住 <Shift> 键，在画面上从上往下拖动鼠标渐变，效果如图 5-2-4 所示。

（3）新建"图层 1"，选择工具箱中的套索工具 ，在画面的下方绘制一选区，效果如图 5-2-5 所示。

图 5-2-3 "背景色"对话框

图 5-2-4 填充渐变色效果

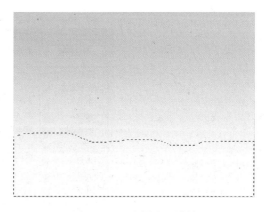

图 5-2-5 绘制选区效果

（4）执行"选择→修改→羽化"命令，设置"羽化半径"为 5 像素，设置前景色为绿色（R：165；G：245；B：65）。按 <Alt+Delete> 快捷键，为选区填充绿色，取消选区，效果如图 5-2-6 所示。

（5）设置前景色为绿色（R：10；G：200；B：30），背景色为草绿色（R：185；G：240；B：20）。选择工具箱中的画笔工具 ，并在画笔工具选项栏中单击"预设画笔"，在出现的画笔列表中选择"草 134"，如图 5-2-7 所示。

图 5-2-6 填充选区效果

（6）单击画笔工具选项栏中的"画笔预设"按钮 ，弹出"画笔"调板，选择"颜色动态"项，设置"前景 / 背景抖动"为 100%；"色相抖动"为 10%，如图 5-2-8 所示。

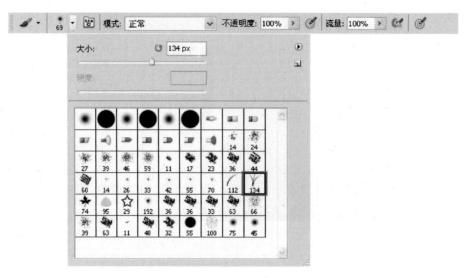

图 5-2-7　选择画笔形态

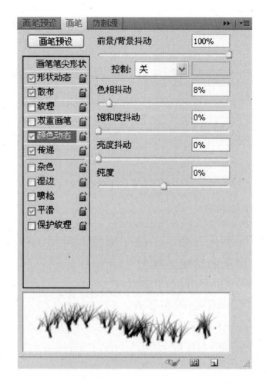

图 5-2-8　"颜色动态"设置

（7）新建"图层 2"，调整画笔大小，在画面的下方拖动鼠标，绘制草地，效果如图 5-2-9 所示。

（8）新建"图层 3"，选择工具箱中的椭圆选框工具 ○，按住 <Ctrl+Shift> 快捷键，在画面 中绘制一正圆选区，如图 5-2-10 所示。

图 5-2-9　绘制草地效果　　　　　　　　　图 5-2-10　绘制正圆选区

（9）选择工具箱中的渐变工具，在渐变选项栏中单击"渐变选项"按钮，打开"渐变编辑器"对话框，在"预设"选项中选择"色谱"，并利用"渐变条"调整各颜色位置，如图 5-2-11 所示。设置完成，单击"确定"按钮。

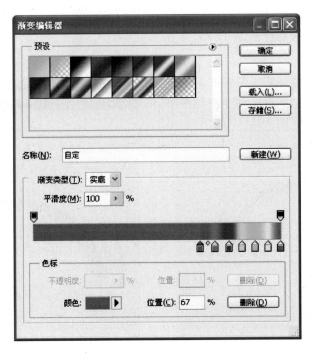

图 5-2-11　设置渐变形态

（10）选择"径向"渐变模式，从正圆选区中心向边上拖出渐变效果，如图 5-2-12 所示。

（11）执行"选择→变换选区"命令，按住 <Alt+Shift> 快捷键，将正圆选区缩小，如图 5-2-13 所示。

图 5-2-12 七彩圆环效果

图 5-2-13 缩小选区效果

（12）按 <Delete> 键，删除图像选区部分，按 <Ctrl+D> 快捷键，取消选区，完成七彩圆环制作，效果如图 5-2-14 所示。

（13）选择工具箱中的矩形选框工具，在画面的下半部分绘出矩形选区，按 <Delete> 键，删除圆环下半部分，完成彩虹的制作，效果如图 5-2-15 所示。

（14）将"图层 3"移动到"图层 1"下面，并且执行"编辑→变换→缩放"命令，将彩虹图形的大小调整，效果如图 5-2-16 所示。

图 5-2-14 删除选区效果

图 5-2-15 彩虹效果

图 5-2-16 调整彩虹效果

2. 绘制人物

（1）新建一图层组，命名为"小女孩"。打开图层组，新建"面孔"图层，设置前景色为米色（R：245；G：240；B：230），选择工具箱中的画笔工具，设置画笔形态为"圆角硬边80"，在画面中单击一下，形成一个圆形的面孔，效果如图 5-2-17 所示。

（2）新建"头发"图层，设置前景色为黄色（R:250;G:230;B:40），将画笔大小设置为"20像素"，在面孔上方绘制头发，效果如图5-2-18所示。

图5-2-17　绘制面孔效果

图5-2-18　绘制头发效果

（3）选择工具箱中的涂抹工具 ，设置画笔形态为"柔边圆"，"画笔大小"为"4像素"，将头发涂抹成图5-2-19所示效果。

（4）选择工具箱中的加深工具 ，设置画笔大小为"5像素"，在头发部分涂抹，制作出阴影部分；再选择工具箱中的减淡工具 ，设置画笔大小为"8像素"，在头发部分涂抹，制作出高光部分，效果如图5-2-20所示。

图5-2-19　涂抹头发的效果

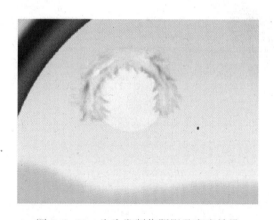

图5-2-20　为头发制作阴影及高光效果

> 注意：根据不同位置可不断调整加深工具及减淡工具的画笔大小及浓度，完成头发的制作。画笔调整大小的快捷键为：缩小用 <[> 键；扩大用 <]> 键。

（5）新建"眼睛"图层，设置前景色为棕色（R：166；G：103；B：32），选择画笔工具，设置画笔形态为"硬边"，画笔大小为"8像素"，在面部绘制眼睛效果；选择涂抹工具，设置画笔形态为"硬边"，画笔大小为"4像素"，涂抹出眼睛形状，效果如图5-2-21所示。

（6）新建"嘴部"图层，分别设置前景色为棕黄色（R:240;G:180;B:0）、红色（R:250;G:0;B:0），与眼睛制作方法一样，绘制出鼻子及嘴部效果，如图5-2-22所示。

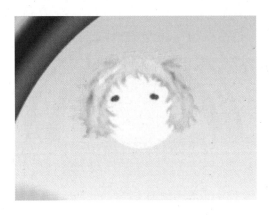 

图5-2-21 绘制眼睛效果　　　　　　　　图5-2-22 绘制鼻子、嘴部效果

（7）新建"身体"图层，设置前景色为橙色（R:240;G:100;B:0），设置画笔形态为"喷溅14像素"，在画面上绘制出上身效果。再设置前景色为蓝色（R:0;G:160;B:225），在橙色上面绘制蓝色的色块，并且在下方绘制出裙子效果，如图5-2-23所示。

图5-2-23 绘制身体及裙子效果　　　　　　图5-2-24 为身体描边效果

（8）新建"手脚"图层，设置前景色为棕黄色（R:240;G:180;B:0），设置画笔形态为"硬边"，画笔大小为"6像素"，在身体外多次描边，效果如图5-2-24所示。然后调整画笔大小，绘制出手的效果，如图5-2-25所示。设置前景色为深蓝色（R:15;G:60;B:135），调整画笔大小，绘制出脚，效果如图5-2-26所示。

（9）新建"蝴蝶结"图层，利用同样的方法绘制出蝴蝶结及面部腮红，效果如图5-2-27所示。

（10）按照步骤（1）~（9）的方法，绘制小男孩形象，效果如图5-2-28所示。

（11）调整小男孩及小女孩的位置。

图 5-2-25　绘制手效果

图 5-2-26　绘制脚效果

图 5-2-27　添加蝴蝶结及腮红效果

图 5-2-28　绘制小男孩效果

3. 装饰画面

（1）新建"图层 4"，设置前景色为白色（R:255；G:255；B:255）。选择工具箱中的画笔工具，打开"画笔"调板。选择"画笔笔尖形状"项，设置"大小"为 100 px；"间距"为 200%，参数设置如图 5-2-29 所示。

（2）选择"画笔"调板的"形状动态"项，设置"大小抖动"为 100%；"最小直径"为"10%"，参数设置如图 5-2-30 所示。

（3）选择"画笔"调板的"散布"项，设置"散布"为"两轴"、"800%"；"数量"为"2"，参数设置如图 5-2-31 所示。

（4）选择"画笔"调板的"传递"项，设置"不透明抖动"为 100%，参数设置如图 5-2-32 所示。

（5）在画笔中拖曳鼠标，绘出气泡的效果，如图 5-2-33 所示。

（6）保存文件为"5-2.psd"，完成插画制作。

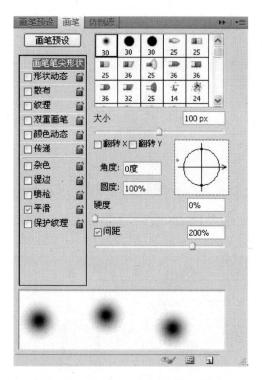

图 5-2-29 "画笔笔尖形状"设置

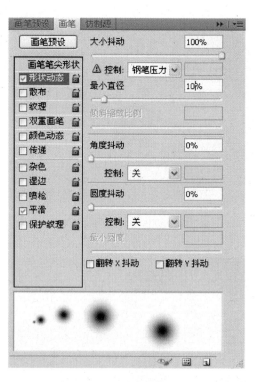

图 5-2-30 "形状动态"设置

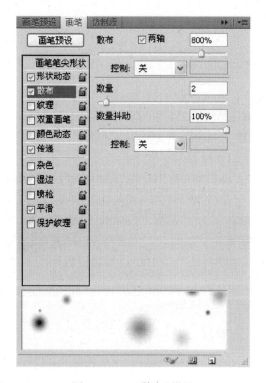

图 5-2-31 "散布"设置

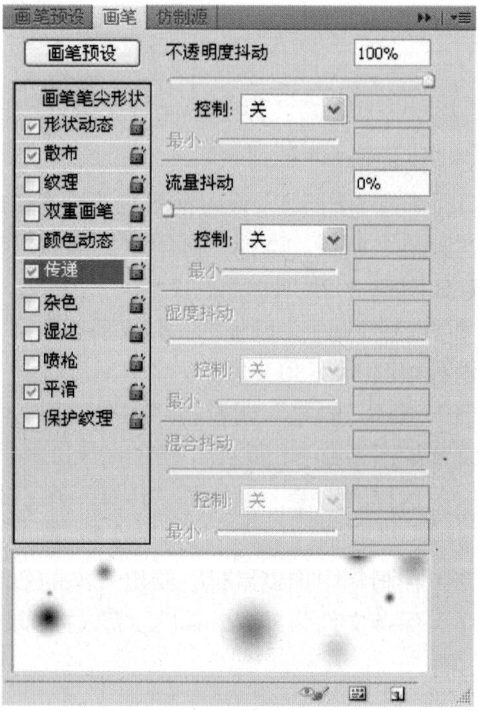

图 5-2-32 "传递"设置

图 5-2-33　添加气泡装饰效果

【知识提要】

在 Photoshop 中可用于直接绘图的工具包括：画笔工具、铅笔工具，还有对图画进行修饰的涂抹工具、加深工具和减淡工具等。利用这些工具，可以产生各种形式的线条，在图像上表现出有层次感的色调，完成各种美丽图画的绘制。

这些工具分别组成不同的工作组，单击这些工具图标右下方的三角形可弹出其他的工具供选择，如图 5-2-34、图 5-2-35、图 5-2-36 所示。

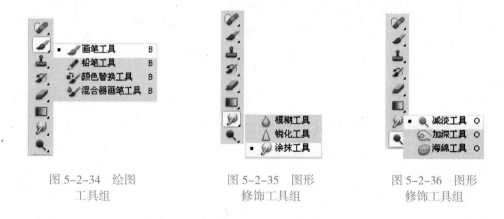

图 5-2-34　绘图
工具组

图 5-2-35　图形
修饰工具组

图 5-2-36　图形
修饰工具组

下面介绍各个工具的具体使用方法及技巧。

1. 绘图工具组

（1）画笔工具

Photoshop 的画笔工具是用于涂抹颜色的工具，利用该工具可以制作出风格不一的平面设计作品。画笔工具与日常所使用的毛笔很相似，它主要用于绘制线条和特定的图案。在使用画笔工具进行绘制时，必须正确设置画笔工具的选项。

① 画笔工具选项栏。单击工具箱中的画笔工具 ，工具选项栏中出现画笔工具的各种选项，包括：画笔选项、绘画模式、不透明度、流量和启用喷枪按钮，如图 5-2-37 所示。

图 5-2-37 画笔工具选项栏

用于选择笔刷的大小和形状，单击该按钮会弹出"画笔预设"调板，如图 5-2-38 所示。

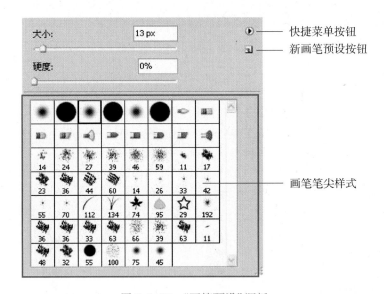

图 5-2-38 "画笔预设"调板

② 画笔预设调板。单击画笔工具选项栏上的"画笔"调板按钮 ，会弹出"画笔"调板，如图 5-2-39 所示。

"画笔"调板由三部分组成，左侧部分用来选择画笔的属性；右侧部分用于设置画笔的具体参数；下面部分为画笔预览区。选择不同的画笔属性，在右侧设置相应的参数，可以将画笔设置为不同的形状，绘制的线条也会具有不同的效果。

③ 自定义画笔。"画笔"调板除可用于选择预设画笔外，还可以自定义画笔，以创建更丰富的画笔效果。其操作方法非常简单，只要利用选区或直接定义当前图层即可，具体操作如下。

a. 新建文件，50 像素 × 50 像素，背景内容设置为"透明"，设置前景色为红色（R: 255; G: 0; B: 0）。

b. 选择工具箱中的自定义形状工具 ，在工具选项栏中单击"填充像素"按钮 ，选择"红

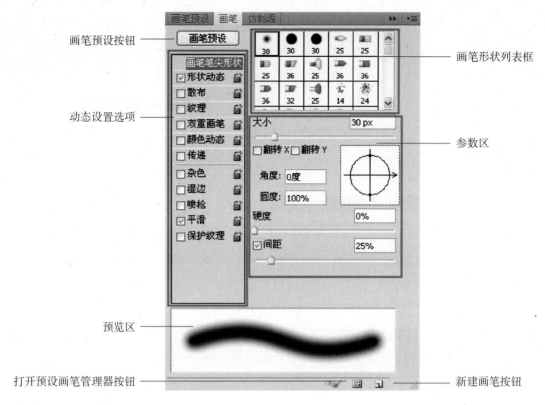

图 5-2-39 "画笔"调板

心形卡"图案❤，在画面中绘制一红色心形，如图 5-2-40 所示。

　　c. 按住 <Ctrl> 键，单击"红色心形"图层，可形成选区，如图 5-2-41 所示。

图 5-2-40　绘制红色心形

图 5-2-41　心形选区

　　d. 执行"编辑→定义画笔预设"命令，出现"画笔名称"对话框，如图 5-2-42 所示。单击"确定"按钮，将红色心形定义成画笔。

　　e. 选择画笔工具，在工具选项栏单击"画笔形态"按钮，即可找到刚才定义的画笔，如图 5-2-43 所示。

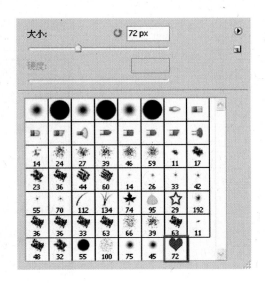

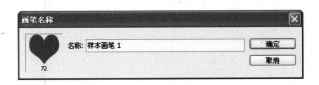

图 5-2-42 "画笔名称"对话框　　　　图 5-2-43 "画笔形态"列表框

注意：只有非白色的图像才能定义成画笔，并根据黑色的程序不同而体现出不同的透明度。也就是说，纯白色的图像无法定义成画笔，而一个纯黑色的图像则会完全定义成画笔。

④ 动态画笔。在 Photoshop 中，动态画笔可通过"画笔"调板来创建和定义。"画笔"调板提供许多将动态元素添加到预设画笔笔尖的选项。比如改变画笔笔尖的大小、颜色和压力、不透明度等设置，使绘制出的笔触更加丰富多彩，创作出真实画笔所无法完成的特殊效果。

a. 画笔笔尖形状。在"画笔"调板中选择"画笔笔尖形状"选项后，可以对画笔的基本属性进行设置。下面就"画笔笔尖形状"选项各参数进行说明，如图 5-2-39 所示。

• 大小。进行笔刷的大小设置。可通过文本框输入或调节滑块来改变数值大小，数值越大，笔刷越大，反之则小。

• 翻转 X。选择该项，画笔方向将作水平翻转。

• 翻转 Y。选择该项，画笔方向将作垂直翻转。

• 角度。可设置画笔旋转的角度，对于圆形画笔，只有在"圆度"小于 100% 时有效。

• 圆度。可设置笔刷的圆度，数值越小，笔刷越扁。

• 硬度。可设置笔刷边缘的硬度，数值越大，边缘越清晰，数值越小，边缘越柔和。

• 间距。可设置绘图时笔触所组成的线段两点间的距离，数值越大，距离越大。

b. 形状动态。选择该项后，"画笔"调板如图 5-2-44 所示。调板中的各选项含义如下。

• 大小抖动。设置画笔在绘制过程中的大小波动幅度，数值越大，波动幅度越大。如未设置该项参数，则画笔绘制的每一处都是相同大小笔触，如图 5-2-45 所示。

• 控制。在下拉列表框中有"关"、"渐隐"、"钢笔压力"、"钢笔斜度"、"光笔轮"等 5 项，其中，"渐隐"用得最频繁。"渐隐"的数值越大，笔触达到消隐时经过的距离就越长，反之，笔触就会消隐至无，如图 5-2-46 所示。

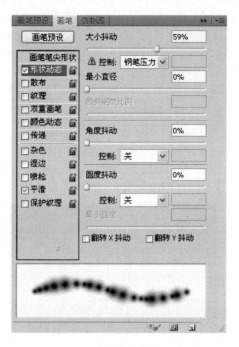

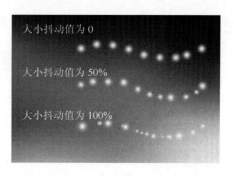

图 5-2-45 设置不同大小抖动效果

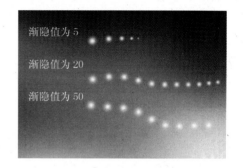

图 5-2-44 "形状动态"选项调板   图 5-2-46 设置不同渐隐效果

注意：对于"钢笔压力"、"钢笔斜度"、"光笔轮"这 3 种方式，必须有硬件的支持才有效。

- 最小直径。设置画笔在尺寸发生变化时的最小尺寸。数值越大，发生变化的范围越小，变化的波动幅度也会变小。
- 角度抖动。设置画笔在角度上的波动幅度，数值越大，波动的幅度也越大，画笔绘制的效果就越乱。如果未设置，则每个笔触的旋转角度相同，如图 5-2-47 所示。
- 圆度抖动。设置画笔在圆度上的波动幅度，如图 5-2-48 所示。

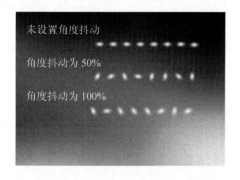

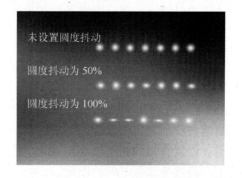

图 5-2-47 设置不同角度抖动效果   图 5-2-48 设置不同圆度抖动效果

- 最小圆度。设置画笔在圆度发生波动时的最小圆度尺寸。
- c. 散布。选择该项后，"画笔"调板如图 5-2-49 所示。其调板中的各选项含义如下。

• 散布。设置画笔绘制时的偏离程度。数值越大，偏离的程度越大，如图 5-2-50 所示。

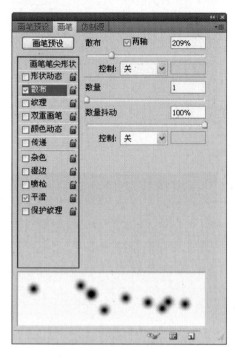

图 5-2-49 "散布"选项调板

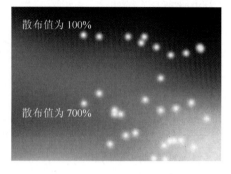

图 5-2-50 设置不同散布效果

• 两轴。设置画笔在 X 轴及 Y 轴两个方向上发生的散布，如果不选择该项，则仅在 X 轴上发生散布。

• 数量。设置绘画时画笔的数量。

d. 纹理。选择该项后，"画笔"调板如图 5-2-51 所示。其调板中的各选项含义如下。

• 缩放。设置纹理的缩放比例。

• 模式。可选择一种纹理与画笔进行叠加的模式。

• 深度。设置纹理使用时的深度，数值越大，纹理效果越明显，数值越小，则纹理越不明显，画笔效果越清晰，如图 5-2-52 所示。

• 最小深度。设置纹理显示时的最浅深度，数值越大，纹理显示效果的波动幅度越小。

• 深度抖动。设置纹理显示浓淡度的波动程度，数值越大，波动的幅度也越大。

e. 双重画笔

"双重画笔"选项与"纹理"选项的原理基本相同，只是前者是画笔与画笔之间的混合，而后者是画笔与纹理之间的混合。"双重画笔"调板如图 5-2-53 所示，其参数含义如下。

• 大小。设置叠加的画笔大小。

• 间距。设置叠加画笔间的距离。

• 散布。设置叠加画笔绘制效果。

• 数量。设置叠加画笔的数量。

图 5-2-54 所示为使用"双重画笔"效果。

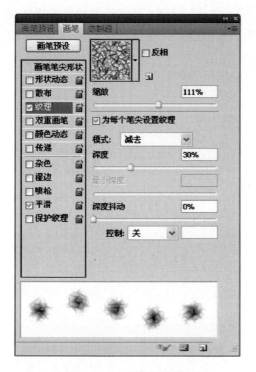

图 5-2-51 "纹理"调板

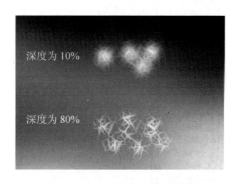

图 5-2-52 不同纹理深度效果

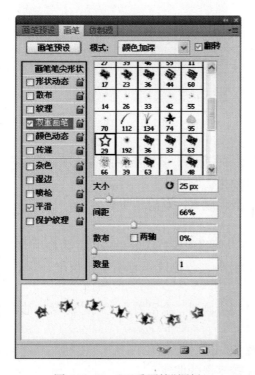

图 5-2-53 "双重画笔"调板

图 5-2-54 使用双重画笔效果

f. 颜色动态。选择该项后，"画笔"调板如图 5-2-55 所示。其调板中的各选项含义如下。

• 前景 / 背景抖动。设置画笔颜色变化效果。数值越大，越接近背景色；数值越小，越接近前景色。

• 色相、饱和度、亮度抖动。设置画笔颜色的随机变化效果。数值越大，越接近背景色色相（饱和度、亮度）。

• 纯度。设置画笔的纯度。

图 5-2-56 所示为使用"颜色动态"的效果。

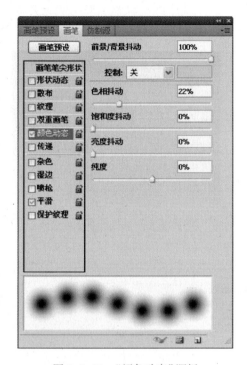

图 5-2-55 "颜色动态"调板

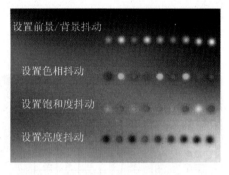

图 5-2-56 设置不同颜色动态效果

g. 传递。选择该项后，"画笔"调板如图 5-2-57 所示。其调板中的各选项含义如下。

• 不透明度抖动。设置画笔的随机不透明度效果。

• 流量抖动。设置画笔绘制时的渐隐速度。数值越大，渐隐越明显。

图 5-2-58 所示为使用"传递"的效果。

h. 附加参数。在该区中，选择适当的选项可以创建一些特殊效果，以下为各项的含义。

• 杂色。设置画笔边缘效果。画笔的硬度越小，杂色效果越明显，反之，杂色效果越不明显。

• 湿边。设置画笔的边缘效果。选择该项进行绘画时，会沿着画笔的边缘增加油彩量，从而创建水彩画的效果。

• 喷枪。与画笔工具选项栏中的"喷枪"作用相同。

• 平滑。选择该项后，会在绘图过程中产生较平滑的曲线。

• 保护纹理。选择该项，对所有具有纹理的画笔预设，应用相同的图案和比例。

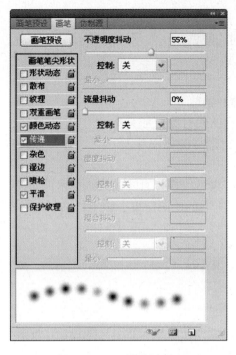

图 5-2-57 "传递"调板

图 5-2-58 使用传递效果

（2）铅笔工具 ✎

铅笔工具与画笔工具的用途和使用方法相同，只是两者绘画出来的线条质感不同。在选择相同的笔尖情况下，铅笔工具所画的线条较硬朗，画笔工具所画的线条则较柔软。

铅笔工具选项栏中其他各选项与画笔工具设置相同，这里不再介绍。铅笔工具选项栏上有一个特殊的选项就是"自动抹掉"，如果勾选了此项，在图像中颜色与工具箱中的前景色相同的区域落笔时，铅笔会自动擦除前景色而以背景色绘制；如果在不同于前景色的区域绘制时，铅笔工具将以前景色绘制。

（3）颜色替换工具 ✎

颜色替换工具 ✎ 的作用是用前景色替换当前颜色。该工具选项栏如图 5-2-59 所示。

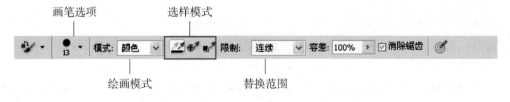

图 5-2-59 颜色替换工具选项栏

① 选样模式。选样模式有三个按钮，表示如何确定要替换的颜色。

• 连续取样 ✎。表示任何颜色都替换。

• 一次取样 ✎。表示只替换第一次选定的颜色，也就是说第一次单击后，只要不松开鼠标，那么在鼠标移动的情况下就只会替换与单击的那一点的颜色相同的颜色。

- 背景色板取样 。表示替换与背景色相同的颜色。

② 限制。该下拉列表框中有 3 种限制擦除模式。

- 不连续。替换图像中任何位置的颜色。
- 连续。替换包含取样色并且相互连接的图像区域。
- 查找边缘。用来替换图像对象周围的取样色，使对象更加突出。

③ 容差。表示选择颜色的相似度，容差越大，选择的范围越大。

（4）混合器画笔工具

混合器画笔工具是新增的工具。混合器画笔工具可以模拟真实的绘画技术，如混合画布上的颜色、组合画笔上的颜色以及在描边过程中使用不同的绘画湿度。该工具选项栏如图 5-2-60 所示。

图 5-2-60　混合器画笔工具选项栏

① 画笔载入 。可重新载入或者清除画笔，也可在这里设置某一颜色，让原画笔和现涂抹的颜色进行混合。具体的混合结果可通过后面的设置值进行调整。单击右边的按钮 可设置不同的载入方式。

- 载入画笔。当前画笔载入色板。
- 清理画笔。移去画笔中的颜色。
- 纯色。保持画笔笔尖的颜色均匀。

② 自动载入 、清理 。控制每一笔涂抹结束后是否对画笔进行更新和清理。类似于画家在绘画时一笔过后是否将画笔在水中清洗的选项。

③ 预设列表 。系统预设"潮湿"、"载入"和"混合"设置组合。

④ 潮湿。控制画笔从画布拾取的油彩量。设置值越大，产生的绘画条痕越长。

⑤ 载入。指定画笔中载入的颜色量。载入值越低，绘画描边干燥的速度越快。

⑥ 混合。控制画布颜色量与前景色颜色量的比例。比例为 100% 时，所有油彩将从画布中拾取；比例为 0% 时，所有油彩都来自前景色。（不过，"潮湿"设置仍然会决定油彩在画布上的混合方式。）

⑦ 对所有图层取样。拾取所有可见图层中的画布颜色。

下面以一具体案例来说明混合器画笔工具的操作方法。

a. 打开素材文件 "5-2-1.jpg"，如图 5-2-61 所示，将背景复制成一新图层。

b. 选择工具箱中的混合器画笔工具 ，在工具选项栏的"画笔形态"栏中选择"圆曲线低硬毛刷"，如图 5-2-62 所示。

c. 按下自动载入按钮 和清理按钮 。

d. 在"预设"下拉列表中选择"非常潮湿，深混合"，如图 5-2-63 所示。

e. 按住 <Ctrl> 键，在画面中云彩位置单击，取得当前画面颜色。

f. 拖曳鼠标，在画面上涂抹，效果如图 5-2-64 所示。

图 5-2-61　素材

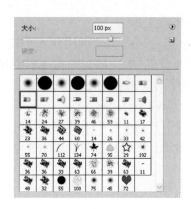

图 5-2-62　画笔形态

图 5-2-63　设置混合效果

图 5-2-64　涂抹效果

　　g. 将新建图层的"混合模式"设置为"叠加"。选择工具箱中的历史画笔工具 ，在画面的下部涂抹，恢复原图的模样，最后效果如图 5-2-65 所示。

图 5-2-65　最终效果

2. 修饰工具组

Photoshop CS5 提供两组共 6 个修饰工具，分别是：模糊工具 、锐化工具 、涂抹工具 、减淡工具 、加深工具 和海绵工具 。在绘图中经常使用涂抹工具 、减淡工具 和加深工具 ，用于对画面细节进行处理。

（1）涂抹工具

涂抹工具 可产生类似于用画笔在未干的油墨上擦过的效果，其笔触周围的像素将随笔触一起移动。该工具选项栏如图 5-2-66 所示。

图 5-2-66　"涂抹"工具选项栏

"画笔形态"、"模式"都与前面的画笔设置一样，在此不再详细介绍。

（2）减淡工具

减淡工具 的主要作用是改变图像的曝光度。修改图像中局部曝光不足的区域，使用减淡工具后，可增加该局部区域的图像明亮度。其工具选项栏如图 5-2-67 所示。

图 5-2-67　"减淡"工具选项栏

（3）加深工具

加深工具 与减淡工具 的效果刚好相反，用来降低图像的曝光度。

（4）海绵工具

海绵工具 用来调整图像的饱和度。利用海绵工具，可增加或减少局部图像的颜色浓度。该工具选项栏如图 5-2-68 所示。

图 5-2-68　海绵工具选项栏

任务 3　矢量图案的绘制——绘制美丽小鸟

【学习目标】
- 路径绘图的方法
- 图形工具的使用
- 路径填充及描边
- 图案的填充方法

【实战演练】

Photoshop 中的绘图包括创建路径和矢量形状。在 Photoshop 中，可以使用任何形状工具、钢笔工具或自由钢笔工具进行绘制。本案例就是利用钢笔工具及形状工具完成,效果如图 5-3-1 所示。

图 5-3-1　矢量绘图效果

1. 背景的制作

（1）执行"文件→新建"命令，设置宽度为：40 像素；高度为：40 像素；分辨率为：72 像素 / 英寸；颜色模式为：RGB 颜色；背景内容为：透明；如图 5-3-2 所示。单击"确定"按钮，建立新文件。

（2）设置水平参考线为"20 像素"，垂直参考线为"20 像素"，效果如图 5-3-3 所示。

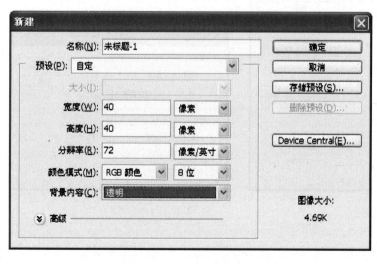

图 5-3-2　"新建"对话框

图 5-3-3　参考线效果

（3）设置前景色为粉色（R：250；G：220；B：230），按 <Ctrl+Delete> 快捷键填充画面。然后利用"矩形选框"工具分别在左上角及右下角绘制正方形选区，设置前景色为深一点的粉色

（R：230；G：190；B：200），进行选区填充。再在右下角绘制正方形选区，填充颜色为（R：230；G：150；B：160），形成色块效果，如图 5-3-4 所示。

（4）执行"编辑→定义图案"命令，出现"图案名称"对话框，如图 5-3-5 所示，将色块定义成图案。

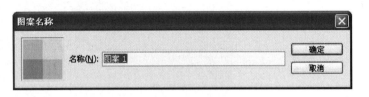

图 5-3-4　色块效果　　　　　　　　　　　　图 5-3-5　"图案名称"对话框

（5）新建文件，设置"宽度"为 800 像素；"高度"为 600 像素；"分辨率"为 72 像素 / 英寸；"颜色模式"为 RGB 颜色；"背景内容"为白色；如图 5-3-6 所示。单击"确定"按钮，建立新文件。

（6）新建"图层 1"，执行"编辑→填充"命令，在出现的"填充"对话框中，"内容使用"选择"图案"；"自定图案"项选择刚定义的图案，如图 5-3-7 所示。

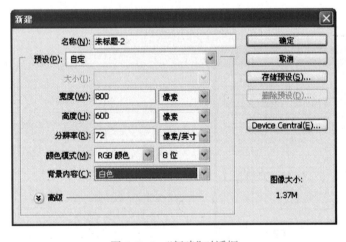

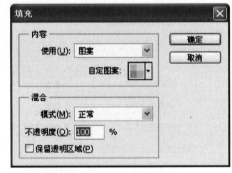

图 5-3-6　"新建"对话框　　　　　　　　　　图 5-3-7　"填充"对话框

（7）单击"确定"按钮后，画面填充图案形成格子背景效果，如图 5-3-8 所示。

（8）新建"图层 2"，设置前景色为粉红色（R：230；G：150；B：160）。选择矩形选框工具，在画面下方绘制一矩形选区，并填充前景色，效果如图 5-3-9 所示。

图 5-3-8　填充为格子效果　　　　　　　　　　图 5-3-9　填充色块效果

（9）新建"图层3"，选择自定义形状工具 ，在工具选项栏中选择"路径"模式 ，形状选择"心形"，如图5-3-10所示。

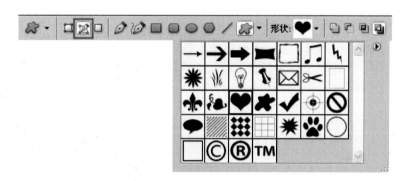

图 5-3-10　自定义形状的设置

（10）在画面上绘制"心形"路径，效果如图5-3-11所示，"路径"调板如5-3-12所示。

图 5-3-11　心形路径效果　　　　　　　　　　图 5-3-12　路径调板

（11）设置前景色为（R：255；G：140；B：125），单击"路径"调板下方的"路径填充"按钮 ，将前景色填入心形路径内，效果如图5-3-13所示。

（12）新建"图层 4"，执行"编辑→变换路径→缩放"命令，按住 <Shift+Alt> 快捷键，向内缩小心形路径，效果如图 5-3-14 所示。

图 5-3-13　路径填充效果

图 5-3-14　缩小路径效果

（13）选择工具箱中的路径直接选择工具 ，单击心形路径，可见路径出现各锚点。分别选择各锚点，调整心形路径，效果如图 5-3-15 所示。

（14）选择工具箱中的画笔工具，单击画笔工具选项栏中的"画笔调板"按钮 ，打开"画笔"调板。选择"画笔笔尖形态"调板，设置"画笔形态"为硬边 30；"大小"为 16px；"圆度"为 30%；"间距"为 500%，如图 5-3-16 所示。

图 5-3-15　调整路径效果

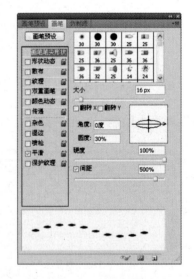

图 5-3-16　设置画笔形状

（15）选择"形状动态"调板，设置"角度抖动"的"控制"项为"方向"，如图 5-3-17 所示。

（16）设置前景色为白色，选择"路径"调板下方的"用前景色描边路径"按钮 ，可见心形路径已经被刚才设置的画笔进行描边，效果如图 5-3-18 所示。

图 5-3-17 设置画笔形状动态　　　　图 5-3-18 路径描边效果

2. 绘制小鸟

（1）新建"图层5"，选择钢笔工具，在工具选项栏中选择"路径"模式 <img>，在画面上绘制小鸟身体形状的路径，如图 5-3-19 所示。

（2）按 <Ctrl> 键，将钢笔工具转换成路径直接选择工具 <img>，单击路径，出现各锚点，选择左下的锚点，将位置进行移动，调整路径效果如图 5-3-20 所示。

 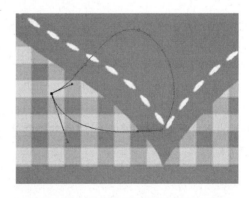

图 5-3-19 绘制小鸟身体形状路径效果　　　　图 5-3-20 调整路径效果

（3）再按住 <Alt> 键，转换成转换点工具 <img>，对路径的方向进行调整。效果如图 5-3-21 所示。

（4）利用（2）、（3）的方法，依次调整各个锚点，完成小鸟身体路径的绘制，效果如图 5-3-22 所示。

（5）利用（1）~（4）的方法，绘制出小鸟的翅膀、眼睛、嘴、腿、爪子，效果如图 5-3-23 所示，"路径"调板如图 5-3-24 所示。

（6）新建图层组，命名为"小鸟1"，在图层组中，新建"身体"图层，设置前景色为橙色（R：

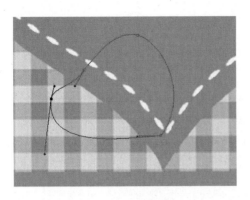

图 5-3-21　调整小鸟身体路径效果

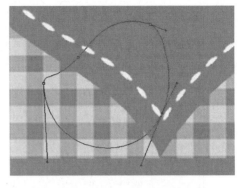

图 5-3-22　完成小鸟身体路径绘制效果

图 5-3-23　绘制小鸟整体效果

图 5-3-24　路径调板

255；G：180；B：100）。选择"路径"调板，选择工具箱中的直接路径选择工具 ，在画面中单击身体部分的路径，单击"路径"调板下方的"路径填充"按钮 ，将前景色填入身体路径内，效果如图 5-3-25 所示。

（7）依次新建"翅膀"、"眼睛"、"嘴"、"腿"、"爪子"图层，也依次设置前景色分别为红色（R：200；G：40；B：44）、黑色（R：0；G：0；B：0）、米黄色（R：240；G：200；B：160）。按照（6）的方法，分别选择不同部位的路径进行颜色填充，得到整个小鸟填充颜色的效果，如图 5-3-26 所示。

图 5-3-25　为小鸟身体填充颜色

图 5-3-26　为小鸟填充颜色效果

（8）取消路径显示，观察并调整小鸟各部分图层的顺序。效果如图 5-3-27 所示。

（9）选择"路径"调板，单击"工作路径"，显示出路径。选择"身体"图层，设置前景色为黑色（R：0；G：0；B：0），选择工具箱中的直接路径选择工具 ，在画面中单击身体部分的路径，设置画笔形状为 ，大小为 4 px。单击"路径"调板下方的"路径描边"按钮 ，效果如图 5-3-28 所示。

图 5-3-27　取消路径显示效果

图 5-3-28　为小鸟身体描边效果

（10）利用（9）的方法，为翅膀进行描边，取消路径显示，效果如图 5-3-29 所示。

（11）选择"路径"调板，单击"工作路径"，在画面中显示出小鸟形状路径。此时，再选择工具箱中的路径选择工具 ，在画面中拖曳鼠标，令虚线框全部覆盖所有的路径，效果如图 5-3-30 所示。

图 5-3-29　描边后的效果

图 5-3-30　选择所有的路径效果

（12）按住 <Alt> 键，拖动路径，将原路径复制一份。效果如图 5-3-31 所示。再执行"编辑→路径变换→水平翻转"命令，将新路径进行调整，效果如图 5-3-32 所示。

（13）利用（2）~（10）的方法，完成第 2 只小鸟的制作，效果如图 5-3-33 所示。并将"工作路径"保存，命名为"小鸟"。路径调板显示如图 5-3-34 所示。

3. 绘制装饰效果

（1）新建"图层 5"，设置前景色为红色（R：255；G：0；B：0），在工具箱中选择自定义形状工具 ，在工具选项栏中单击"填充像素"按钮 ，选择"形状"为 ，在画面橙色小

图 5-3-31 复制路径效果

图 5-3-32 水平翻转路径效果

图 5-3-33 完成小鸟的绘制效果

图 5-3-34 "路径"调板

鸟的头部绘出红色花朵，效果如图 5-3-35 所示。

（2）新建"图层 6"，设置前景色为黄色（R：255；G：240；B：0），选择"形状"为 ✳，绘制黄色的花朵，调整位置，效果如图 5-3-36 所示。

图 5-3-35 绘制红花效果

图 5-3-36 绘制黄花效果

（3）新建"图层 7"，选择椭圆选框工具 ⬭，在花蕊处绘制正圆选区，填充红色（R：255；G：0；B：0）；缩小选区，再填充蓝色（R：0；G：255；B：255）；缩小选区，再填充黄色（R：255；G：240；B：0），绘制出花蕊的效果，如图 5-3-37 所示。

（4）在"图层"调板处，按住 <Ctrl> 键，单击"图层 5"、"图层 6"、"图层 7"，然后按

<Ctrl+E> 快捷键，将 3 个图层合并，并命名为"花朵"。

（5）按住 <Ctrl> 键，单击合并的图层，形成选区。执行"编辑→描边"命令，出现"描边"对话框，设置描边"宽度"为 1 px；颜色为黑色（R：0；G：0；B：0），如图 5-3-38 所示。单击"确定"按钮，出现图 5-3-39 所示效果。

（6）将"花朵"图层复制 2 份，然后分别调整大小及位置，形成花环，效果如图 5-3-40 所示。

图 5-3-37 绘制花蕊效果

图 5-3-38 "描边"对话框

图 5-3-39 为花朵描边效果

图 5-3-40 制作花环效果

（7）利用同样的方法，为绿色小鸟加上皇冠，效果如图 5-3-41 所示。

（8）新建"图层 8"，选择"心形"形状，设置前景色为红色，在画面上绘制不同大小的心形，效果如图 5-3-42 所示。

（9）保存文件，命名为"5-3.psd"，完成图画的绘制。

图 5-3-41 添加皇冠效果

图 5-3-42　添加心形效果

实　　训

利用本单元所介绍的知识，完成图 5-4-1 所示的插画绘制。

图 5-4-1　矢量插画效果

操作提示如下：

（1）使用渐变工具填充天空背景，使用套索工具绘出草地的选区，然后填充渐变绿色。用正圆选区的添加模式组合成云的形态，填充白色。

（2）使用动态画笔，选择"草"，绘出小草的形态。

（3）使用钢笔工具绘出蘑菇、蝴蝶及飞翔的路径，进行颜色填充及描边。

（4）使用动态画笔绘出气泡及光环效果。

背景及特效的制作

背景及特效的制作是视觉传达设计流程中的一个重要部分。Photoshop 制作背景特效有很多方法与技巧。本单元介绍如何恰当地使用工具、命令，通过图层样式、图层混合模式及多种滤镜效果制作出漂亮的背景特效。

任务 1 利用图层样式制作特效——制作缤纷花朵

【学习目标】
- 图层样式
- 图层样式的应用

【实战演练】

根据提供的素材，如图 6-1-1 所示，完成图 6-1-2 所示效果。

图 6-1-1 素材"6-1-1.psd"

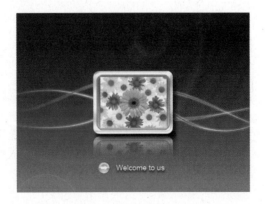

图 6-1-2 制作效果

（1）启动 Photoshop CS5，执行"文件→新建"命令，新建一个 600 像素 ×500 像素、"分辨率"为 72 像素 / 英寸的文件。单击"确定"按钮显示文件窗口，如图 6-1-3 所示。

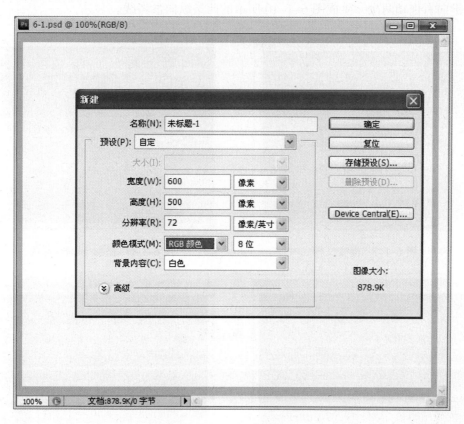

图 6-1-3　新建文件

（2）单击"图层"调板上的"创建新图层"按钮，新建图层"图层 1"。设置拾色器中的前景色为黄色（R：2；G：180；B：169），背景色为绿色（R：249；G：239；B：195）。

（3）选择工具箱中的渐变工具，在工具选项栏中选择"线性渐变"，选择"前景到背景渐变"的模式。按下 <Shift> 键，从下往上拖曳鼠标，为"图层 1"填充渐变色，如图 6-1-4 所示。

（4）执行"图像→调整→反相"命令，"图层 1"反相后效果如图 6-1-5 所示。

（5）打开素材文件"6-1-1.psd"，选择"光圈"图层为当前图层。按下 <Ctrl+A> 快捷键，选中当前图层，按下 <Ctrl+C> 快捷键复制当前图层。回到之前编辑的文件，按下 <Ctrl+V> 快捷键粘贴图层，产生新图层"图层 2"，调整好图层的位置，当前效果如图 6-1-6 所示。

（6）执行"视图→标尺"命令，在文件窗口显示

图 6-1-4　渐变效果

图 6-1-7 所示的标尺。将光标移至上方标尺，按下鼠标左键向下拖动，生成图 6-1-8 所示的横向参考线。用同样方法生成另一条横向参考线，如图 6-1-9 所示。将光标移至左方标尺，按下鼠标左键向右拖动两次，生成图 6-1-10 所示的两条纵向参考线。

图 6-1-5 渐变反相

图 6-1-6 添加"光圈"素材

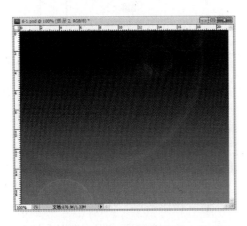

图 6-1-7 显示"标尺"

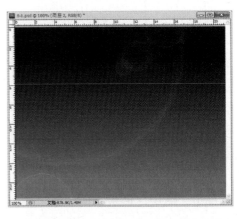

图 6-1-8 添加横向参考线

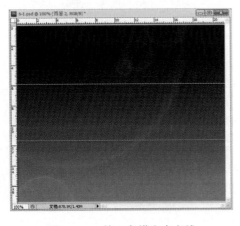

图 6-1-9 第二条横向参考线

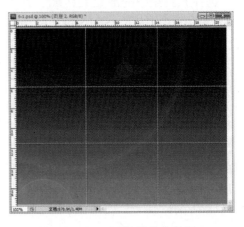

图 6-1-10 添加纵向参考线

（7）新建图层"图层3"，选择工具箱中的圆角矩形工具■，选中工具选项栏中的"填充像素"按钮■，设置"半径"为15 px。确定当前前景色为"白色"，绘制图6-1-11所示的白色矩形。

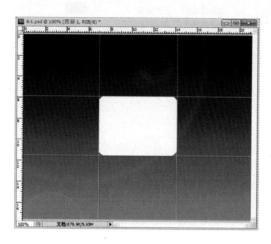

图 6-1-11　绘制白色矩形

（8）双击"图层3"，弹出图6-1-12所示"图层样式"对话框。勾选"投影"选项，参数设置如图6-1-13所示；勾选"斜面和浮雕"复选框，参数设置如图6-1-14所示；勾选"渐变叠加"选项，参数设置如图6-1-15所示，其中"渐变"项的设置如图6-1-16所示。单击"确定"按钮，图层样式效果如图6-1-17所示。

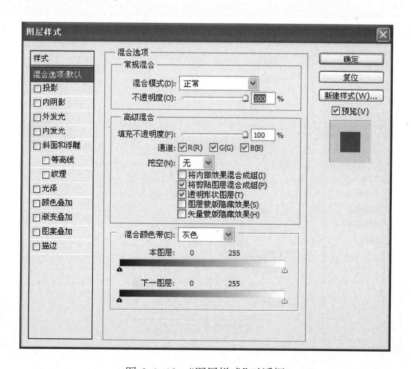

图 6-1-12　"图层样式"对话框

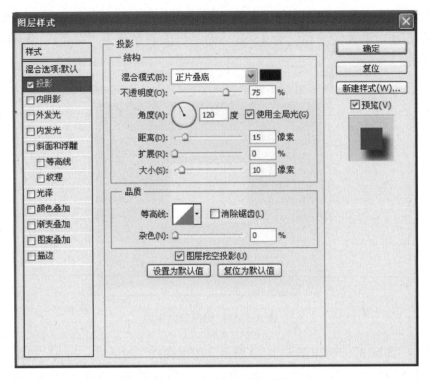

图 6-1-13 添加"投影"样式

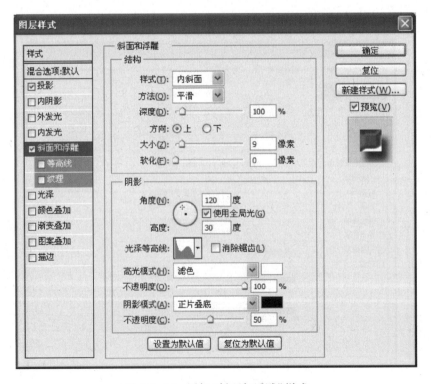

图 6-1-14 添加"斜面与浮雕"样式

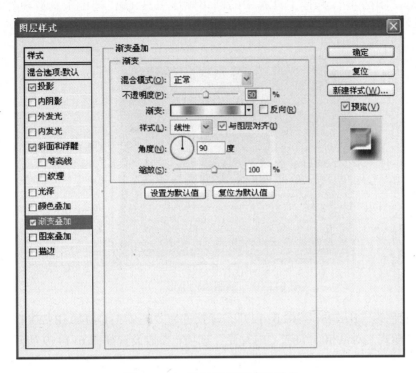

图 6-1-15　添加"渐变叠加"样式

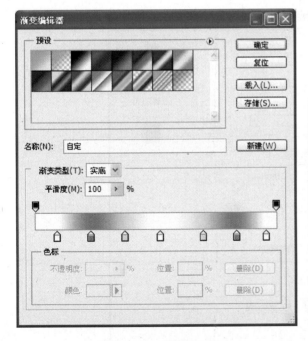

图 6-1-16　"渐变"设置

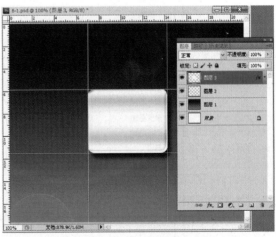

图 6-1-17　"图层样式"效果

（9）新建图层"图层4"，选择工具箱中的圆角矩形工具 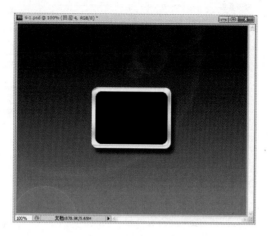，选中工具选项栏中的"填充像素"按钮。设定当前前景色为"黑色"，绘制图6-1-18所示的黑色矩形。

图 6-1-18　绘制黑色矩形

（10）设置前景色为"R:228;G:0;B:127"，背景色为"R:243;G:149;B:200"。双击"图层4"，弹出"图层样式"对话框。勾选"内发光"选项，参数设置如图6-1-19所示；勾选"渐变叠加"选项，参数设置如图6-1-20所示，设置"渐变"项为"前景色到背景色渐变"；勾选"描边"选项，参数设置如图6-1-21所示。单击"确定"按钮，图层样式效果如图6-1-22所示。

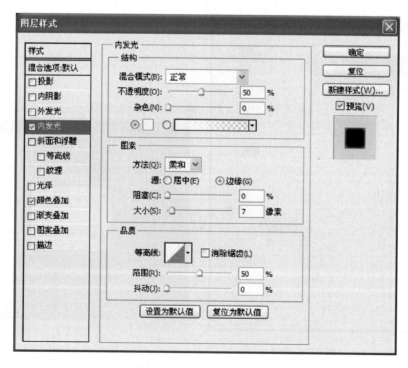

图 6-1-19　"内发光"样式

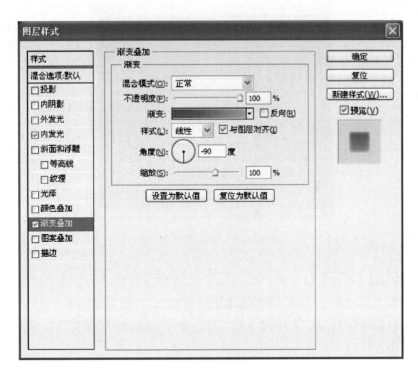

图 6-1-20 "渐变叠加"样式

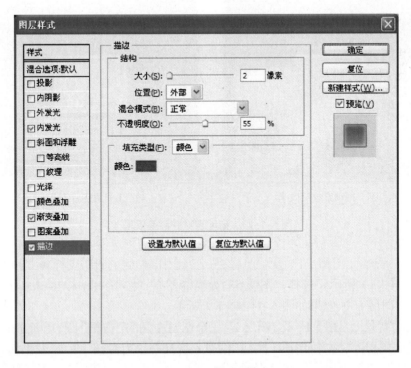

图 6-1-21 "描边"样式

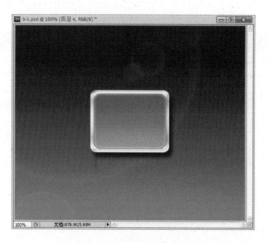

图 6-1-22　图层样式效果

　　（11）用 Photoshop 打开素材文件"6-1-2.jpg"，选择工具箱中的移动工具 ，按下鼠标左键拖动图片素材到之前编辑的文件，产生新图层"图层 5"，效果如图 6-1-23（a）所示。按下 <Ctrl+T> 快捷键，调整图片大小为原大小的 17%，按下 <Enter> 键确定后，调整图片位置，效果如图 6-1-23（b）所示。

（a）拖动素材后效果

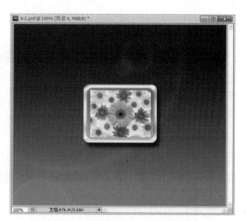

（b）调整后效果

图 6-1-23　拖动素材并调整效果

　　（12）单击"背景"、"图层 1"及"图层 2"三个图层左侧的眼睛图标 ，隐藏这三个图层，效果如图 6-1-24（a）所示。选择"图层 5"为当前图层，按下 <Ctrl+Alt+Shift+E> 快捷键，盖印生成新图层"图层 6"，效果如图 6-1-24（b）所示。

　　（13）单击"背景"、"图层 1"及"图层 2"三个图层左侧的"方框" ，重新显示这三个图层。

　　（14）选择"图层 6"为当前图层，执行"编辑→变换→垂直翻转"命令，效果如图 6-1-25（a）所示。在"图层"调板上向下拖移"图层 6"图层，将它放在"图层 3"图层的下面，效果如图 6-1-25（b）所示。按下 <Shift> 键，按住鼠标左键向下拖动"图层 6"的内容，调整"图层

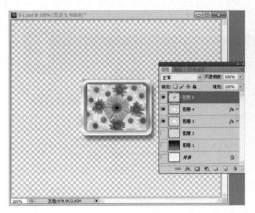　　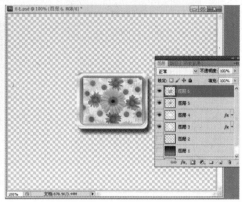

（a）隐藏图层　　　　　　　　　　　　　　（b）盖印生成图层

图 6-1-24　隐藏图层及盖印生成图层

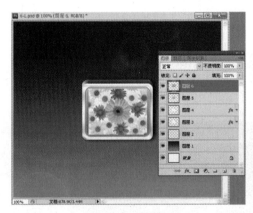　　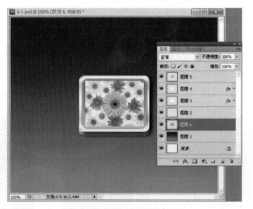

（a）垂直翻转图层　　　　　　　　　　　　（b）调整图层顺序

图 6-1-25　垂直翻转图层并调整图层顺序

6"的位置如图 6-1-26 所示。

（15）单击"图层"调板下方
的"生成蒙版"按钮 ，为"图层
6"添加蒙版，如图 6-1-27 所示。
分别恢复前景色、背景色为黑、
白色，选择工具箱中的渐变工具
，在工具选项栏中选择"线性渐
变" ，选择"前景色到背景色"
的渐变模式。选中"图层 6"的蒙版，
在蒙版上由下至上拉出黑、白渐变
色后，效果如图 6-1-28 所示。

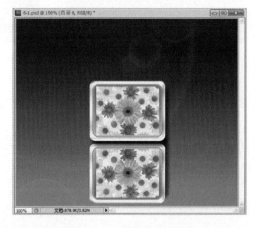

图 6-1-26　调整图层位置

图 6-1-27　添加图层蒙版

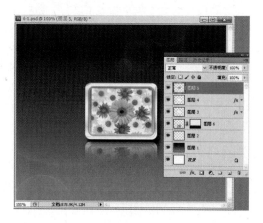

图 6-1-28　添加渐变蒙版

（16）打开素材文件 "6-1-3.psd"，分别拖动 "图层 2"、"图层 3" 及 "图层 4" 到之前编辑的文件，产生新图层 "图层 7"、"图层 8" 及 "图层 9"。效果如图 6-1-29 所示。

（17）按下 <Ctrl> 键，选中 "图层 7"、"图层 8" 及 "图层 9"，在 "图层" 调板上向下拖移，将它们放在 "图层 2" 图层的下面，效果如图 6-1-30 所示。

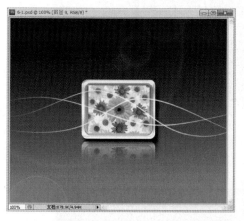

图 6-1-29　添加线条素材

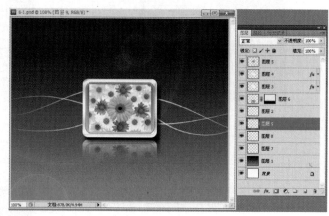

图 6-1-30　调整图层顺序效果

（18）双击 "图层 7"，弹出 "图层样式" 对话框。勾选 "外发光" 选项，参数设置如图 6-1-31 所示；勾选 "渐变叠加" 选项，参数设置如图 6-1-32 所示，其中 "渐变" 项的设置如图 6-1-33 所示。单击 "确定" 按钮，样式效果如图 6-1-34 所示。

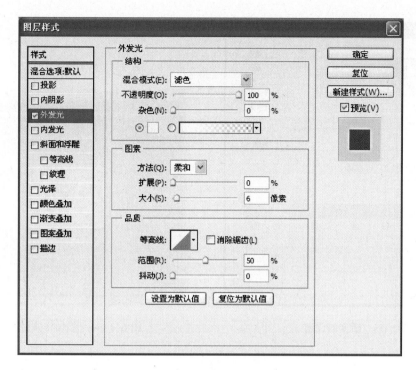

图 6-1-31　"外发光"样式

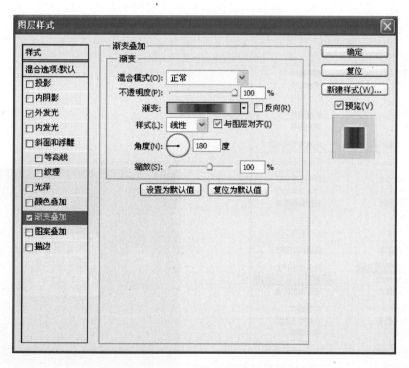

图 6-1-32　"渐变叠加"样式

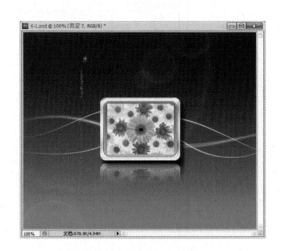

图 6-1-33　渐变的设置　　　　　　　　　图 6-1-34　添加样式后的线条

（19）在"图层 7"上右击，在弹出的快捷菜单中选择"拷贝图层样式"，如图 6-1-35（a）所示。选择"图层 8"图层，右击，在弹出的快捷菜单中选择"粘贴图层样式"，如图 6-1-35（b）所示。将同样的样式效果粘贴在"图层 9"图层上，当前效果如图 6-1-36 所示。

（a）拷贝图层　　　（b）粘贴图层
　样式菜单项　　　　　样式菜单项

图 6-1-35　复制图层样式

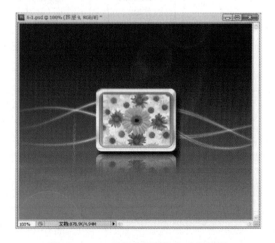

图 6-1-36　粘贴图层样式后的效果

（20）双击"图层 8"，弹出"图层样式"对话框。打开"渐变叠加"选项，单击"渐变"设置项，在弹出的"渐变编辑器"对话框中，设置"渐变"项如图 6-1-37（a）所示。单击"确定"按钮，样式效果如图 6-1-37（b）所示。

（21）使用同样方法，修改"图层 9"的"渐变叠加"样式效果，设置的"渐变"项如图 6-1-38（a）所示。当前效果如图 6-1-38（b）所示。

（a）渐变设置

（b）修改图层样式后的效果

图 6-1-37 "图层 8"渐变设置及效果

（a）渐变设置

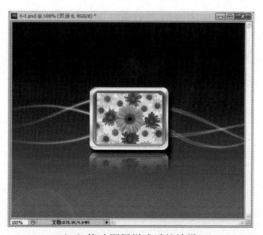

（b）修改图层样式后的效果

图 6-1-38 "图层 9"渐变设置及效果

（22）新建图层"图层 10"，选择工具箱中的椭圆选框工具 ○，按下 <Shift> 键，拖动鼠标生成图 6-1-39（a）所示的正圆形选区。设置前景色为"R：33；G：156；B：30"，按下 <Alt+←> 快捷键填充选区为绿色。按下 <Ctrl+D> 快捷键取消选区，效果如图 6-1-39（b）所示。

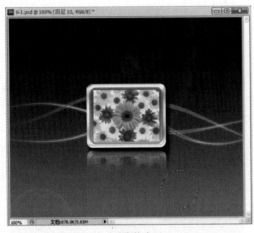

（a）圆形选区　　　　　　　　　　　（b）填充绿色

图 6-1-39　"图层 10"设置及效果

（23）拖动"图层 10"图层到"图层"调板上的"创建新图层"按钮 ，生成"图层 10 副本"图层，按下 <Ctrl+T>快捷键，调整图层大小为原大小的 95%，如图 6-1-40 所示。

（24）双击"图层 10 副本"图层，弹出"图层样式"对话框。勾选"描边"选项，参数设置如图 6-1-41（a）所示，描边颜色为"R：62；G：108；B：25"，效果如图 6-1-41（b）所示。

（25）勾选"渐变叠加"选项，参数设置如图 6-1-42（a）所示，其中"渐变"项的设置如图 6-1-42（b）所示。当前图像效果如图 6-1-43 所示。移动鼠标指向当前图像，按下鼠标左键向下拖动渐变颜色块，调整图像效果如图 6-1-44 所示，单击"确定"按钮。

图 6-1-40　图层 10 副本

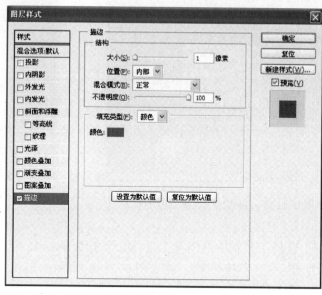

（a）"描边"样式　　　　　　　　　　　　　（b）样式效果

图 6-1-41　"图层 10 副本"设置

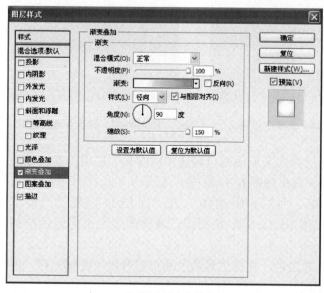

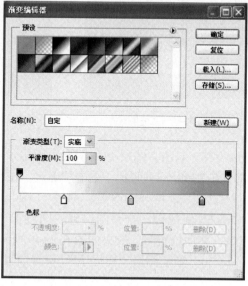

（a）"渐变叠加"样式　　　　　　　　　　　　（b）渐变设置

图 6-1-42　"渐变叠加"设置

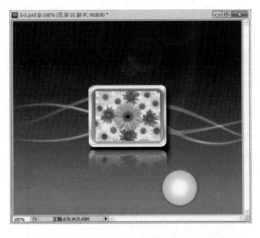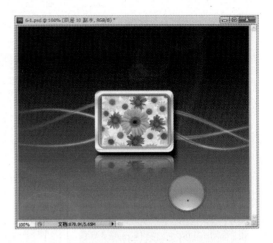

图 6-1-43 "渐变叠加"设置时的效果　　　　　图 6-1-44 调整图像效果

（26）选择工具箱中的钢笔工具 ，绘制图 6-1-45 所示的路径。单击"路径"调板上的"将路径作为选区载入"按钮 ，生成图 6-1-46 所示的选区。

（27）新建图层"图层 11"，设置前景色为"R：35；G：175；B：16"，按下 <Alt+ ←> 快捷键填充选区为绿色，取消选区后效果如图 6-1-47 所示。

图 6-1-45 绘制路径　　　　图 6-1-46 路径生成选区　　　　图 6-1-47 选区填充绿色

（28）双击"图层 11"图层，弹出"图层样式"对话框。勾选"内发光"选项，参数设置如图 6-1-48（a）所示。单击"确定"按钮，效果如图 6-1-48（b）所示。

（29）按下 <Shift> 键，选中"图层 10"、"图层 10 副本"及"图层 11"图层，按下 <Ctrl+E> 快捷键，合并图层到"图层 11"。按下 <Ctrl+T> 快捷键，调整图层大小为原大小的 30%，移动位置后，效果如图 6-1-49 所示。

（30）新建图层"图层 12"，设置前景色为白色。选择工具箱中的自定形状工具 ，在"形状"选项栏选择"箭头 9"形状 形状：➡，绘制图 6-1-50 所示的白色箭头。

（31）选择工具箱中的横排文字工具 T ，字形为"Arial"，字体大小为"19 点"，输入图 6-1-51 所示的白色文字"Welcome to us"。双击该文字图层，弹出"图层样式"对话框。设置适当的"投影"效果，单击"确定"按钮，最终效果如图 6-1-52 所示。

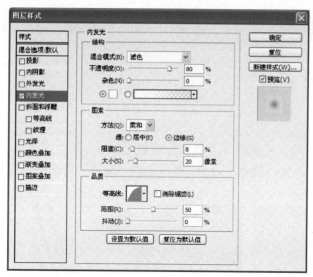

（a）"内发光"样式

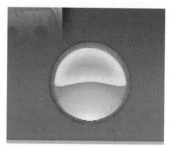

（b）样式效果

图 6-1-48 "图层 11"设置

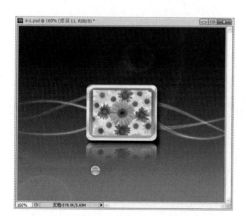

图 6-1-49 缩小调整按钮位置

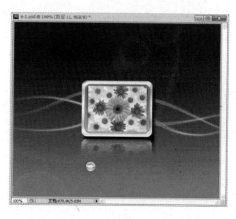

图 6-1-50 添加白色箭头

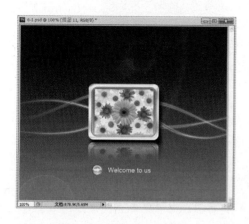

图 6-1-51 添加白色文字

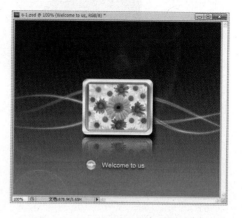

图 6-1-52 添加投影的最终效果

任务 2 图层的混合模式——制作化妆品海报

【学习目标】
- 图层混合模式的基本操作
- 图层混合模式的应用

【实战演练】

根据提供的素材，如图 6-2-1 所示，完成图 6-2-2 所示效果。

（1）启动 Photoshop CS5，执行"文件→新建"命令，在弹出的"新建"对话框中设置参数，

图 6-2-1 素材

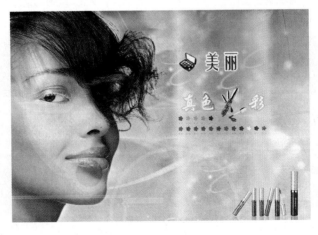

图 6-2-2 制作效果

如图 6-2-3 所示。单击"确定"按钮，显示文件窗口。

（2）打开素材文件"6-2-1.jpg"，拖动"背景"图层到编辑的文件，产生新图层"图层 1"。

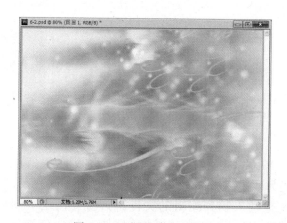

图 6-2-3　新建文件

按下 <Ctrl+T> 快捷键，显示自由变换框，按住 <Shift+Alt> 快捷键等比例缩小图像大小为原来的 49%，调整确定后，效果如图 6-2-4 所示。

（3）设置拾色器中的前景色为"R：237；G：190；B：231"，背景色为"R：243；G：98；B：146"。单击"图层"调板上的"创建新的填充或调整图层"按钮 ，在弹出的图 6-2-5 所示的快捷菜单中选择"渐变"菜单项，弹出"渐变填充"对话框。

（4）在图 6-2-6 所示的对话框中，单击"渐变"选项，设置为"前景色到背景色渐变"。

图 6-2-4　调整确定后效果　　　　　　　图 6-2-5　"调整"菜单

单击"确定"按钮，其他参数设置如图6-2-6所示。再次单击"确定"按钮后，"图层"调板生成"渐变填充1"图层，当前效果如图6-2-7所示。

（5）拖动"图层1"图层到"渐变填充1"图层的上方，选择"图层"调板上的"图层的

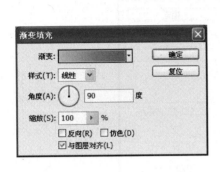

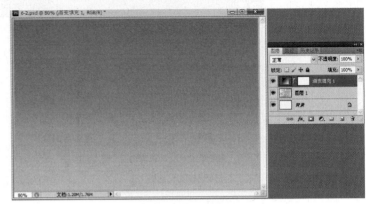

图6-2-6 "渐变填充"对话框　　　　　　　　　图6-2-7 "渐变填充"效果

混合模式"下拉列表 ，单击下拉框，在弹出的图6-2-8所示的列表中选择"叠加"，效果如图6-2-9所示。

（6）打开素材文件"6-2-2.jpg"，拖动"背景"图层到编辑的文件，产生新图层"图层2"。

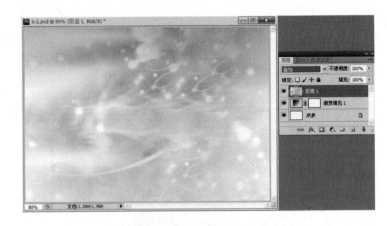

图6-2-8 "图层混合模式"选项　　　　　　　　图6-2-9 "叠加"效果

调整"图层2"的位置，效果如图6-2-10（a）所示。选择"图层"调板上的"设置图层的混合模式"下拉列表，设置图层混合模式为"颜色加深"，效果如图6-2-10（b）所示。

（7）打开素材文件"6-2-3.tif"，拖动人物到编辑的文件，产生新图层"图层3"。按下 <Ctrl+T> 快捷键，显示自由变换框，按住 <Shift+Alt> 快捷键，等比例缩小图像大小

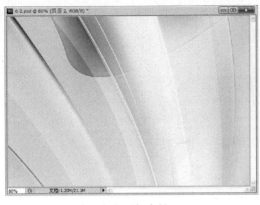

（a）添加素材

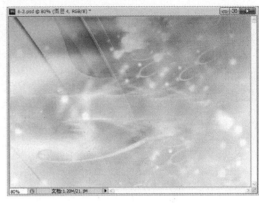

（b）"颜色加深"混合模式

图 6-2-10 添加素材并设置

为原来的 71%，调整确定后效果如图 6-2-11 所示。

（8）打开素材文件"6-2-4.psd"，拖动"图层 1"图层到编辑的文件，产生新图层"图层 4"。按下 <Ctrl+T> 快捷键，显示自由变换框，按住 <Shift+Alt> 快捷键，等比例缩小图像大小为原来的 60%，调整确定后效果如图 6-2-12（a）所示。设置图层混合模式为"柔光"，效果如图 6-2-12（b）所示。

（9）选择工具箱中的钢笔工具 ，为人物嘴唇绘制图 6-2-13 所示的路径。单击"路径"调板下方的"将路径作为选区载入"按钮 ，

图 6-2-11 添加人物素材

（a）添加素材

（b）"柔光"混合模式

图 6-2-12 "图层 4"设置

生成图6-2-14所示的选区。执行"选择→修改→羽化"命令，在弹出的"羽化选区"对话框中设置羽化半径为"2像素"，单击确定按钮羽化嘴唇选区。

图6-2-13　绘制嘴唇的路径　　　　　　　图6-2-14　路径生成选区

（10）设置拾色器中的前景色为"R：234；G：66；B：125"，新建图层"图层5"，按下 <Alt+ ←> 快捷键，填充选区为前景色，按下 <Ctrl+D> 快捷键，取消当前选区，人物嘴唇效果如图6-2-15（a）所示。设置"图层5"的图层混合模式为"颜色"，人物嘴唇效果如图6-2-15（b）所示。

（a）选区填充颜色　　　　　　　　　　（b）"颜色"混合模式

图6-2-15　人物嘴唇效果

（11）设置拾色器中的前景色为"R：185；G：117；B：186"，新建图层"图层6"，设置该图层的图层混合模式为"颜色"。选择工具箱中的画笔工具，在工具选项栏上设置画笔"不透明度"为29%，"流量"为26%，调整画笔的不同大小，为人物涂抹图6-2-16所示的眼影效果。

（12）新建图层"图层7"，设置该图层的图层混合模式为"颜色"。设置拾色器中的不同前景色，如图6-2-17所示，为人物涂抹彩色眼影效果。

图 6-2-16 底层紫色眼影效果

图 6-2-17 彩色眼影效果

（13）新建图层"图层 8"，设置该图层的图层混合模式为"颜色"。选择工具箱中的矩形选框工具 ，在画面上拖曳出图 6-2-18（a）所示的矩形选区。执行"选择→修改→羽化"命令，在弹出的"羽化选区"对话框中设置羽化半径为"8 像素"。选择工具箱中的渐变工具 ，设置渐变选项为"中等色谱" ，在矩形选区中拖曳出图 6-2-18（b）所示渐变效果。按下 <Ctrl+D> 快捷键取消当前选区。

（a）矩形选区

（b）选区羽化后填充渐变

图 6-2-18 "图层 8"设置

（14）复制"图层 8"图层生成"图层 8 副本"图层，恢复该图层的图层混合模式为"正常"。按下 <Ctrl+T> 快捷键，显示自由变换框，按住 <Shift+Alt> 快捷键，等比例缩小图像为原来的 72%，旋转 55°，如图 6-2-19（a）所示。按 <Enter> 键确定后，选择移动工具 拖动图像到图 6-2-19（b）所示的位置。

（15）选择工具箱中的椭圆选框工具 ，按下 <Shift> 键在画面中拖曳出图 6-2-20 所示的正圆选区。执行"选择→修改→羽化"命令，在弹出的"羽化选区"对话框中设置羽化半径为8 像素。按下 <Ctrl+Shift+I> 快捷键，"反向"形成选区，如图 6-2-21 所示，按下 <Delete> 键删除选区内容，按下 <Ctrl+D> 快捷键，取消当前选区，效果如图 6-2-22 所示。

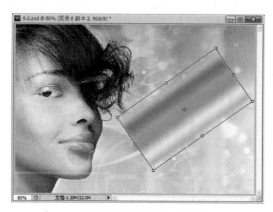

（a）缩小旋转"图层 8 副本"

（b）移动图层位置

图 6-2-19　缩小旋转图层并移动位置

图 6-2-20　正圆选区

图 6-2-21　选区羽化后反选

（16）拖曳"图层 8 副本"图层到"图层 8"图层下方，设置"图层 8 副本"的图层混合模式为"颜色"，效果如图 6-2-23 所示。

（17）打开素材文件"6-2-5.psd"，拖动"图层 5"图层到编辑的文件，修改新图层名称为"图层 9"。按下 <Ctrl+T> 快捷键，显示自由变换框，按住 <Shift+Alt> 快捷键，等比例缩小图像大小为原来的 52%，移动图像到图 6-2-24 所示位置。

图 6-2-22　删除多余图像

图 6-2-23 "颜色"样式

（18）复制"图层 9"图层生成"图层 9 副本"图层，执行"编辑→变换→垂直翻转"命令，效果如图 6-2-25（a）所示。拖曳"图层 9 副本"图层到"图层 9"图层下方，按下 <Shift> 键，向下拖动"图层 9 副本"图像到合适位置，调整图层"不透明度"为 30%，倒影效果如图 6-2-25（b）所示。

（19）打开素材文件"6-2-5.psd"，拖动"图层 4"图层到编辑的文件，产

图 6-2-24 添加素材

（a）垂直翻转图像

（b）制作倒影

图 6-2-25 "图层 9 副本"

生新图层"图层10"。按下 <Ctrl+T> 快捷键，显示自由变换框，按住 <Shift+Alt> 快捷键，等比例缩小图像大小为原来的15%，移动图像到图6-2-26所示。

（20）选择工具箱中的横排文字工具 T，设置字体为"方正姚体"，大小为"48点"，字体颜色为"R:9;G:58;B:242"，输入图6-2-27（a）所示文字。双击该文字图层，弹出"图层样式"对话框，选择"描边"选项，为文字描边"白色"，"3像素"大小，效果如图6-2-27（b）所示。

图 6-2-26　添加素材

（a）添加文字

（b）"描边"样式

图 6-2-27　文字效果

（21）打开素材文件"6-2-5.psd"，拖动"图层1"、"图层2"图层到编辑的文件，产生新图层"图层11"、"图层12"。按下 <Ctrl+T> 快捷键，显示自由变换框，按住 <Shift+Alt> 快捷键，等比例缩小图像大小为原来的52%，调整确定后效果如图6-2-28所示。

（22）选择工具箱中的横排文字工具 T，设置字体为"华文行楷"，大小为"48点"，字体颜色为"白色"，输入图6-2-29所示文字。双击该文字图层，弹出"图层样式"对话框，选择"描边"选项，描边参数如图6-2-30（a）所示，其中"渐变"设置为"中等色谱"，单击"确定"按钮，效果如图6-2-30（b）所示。

（23）打开素材文件"6-2-5.psd"，拖动"图层3"图层到编辑的文件，产生新图层"图层13"。按下 <Ctrl+T> 快捷键，显示自由变换框，按住 <Shift+Alt> 快捷键，等比例缩小图像大小为原来的70%，调整确定后，最后效果如图6-2-31所示。

图 6-2-28 添加素材

图 6-2-29 添加文字

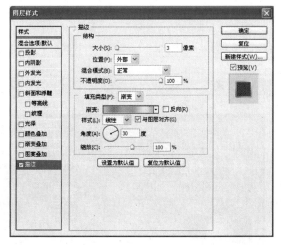

（a）"描边"参数

（b）"描边"效果

图 6-2-30 文字描边设置

图 6-2-31 添加素材的最后效果

任务 3　滤镜的使用——制作绚丽夺目的滤镜特效

滤镜是 Photoshop 中功能最丰富、效果最奇特的工具之一。滤镜就像万花筒一样可以制造出变幻莫测的各种特效，充分运用滤镜组合，可以轻松绘制出很多绚丽夺目的效果。

【学习目标】

- 模糊滤镜
- 渲染滤镜
- 纹理滤镜
- 素描滤镜
- 风格化滤镜
- 像素化滤镜
- 杂色滤镜
- 扭曲滤镜

【实战演练】

根据提供的素材，如图 6-3-1 所示，完成图 6-3-2 所示效果。

图 6-3-1　素材　　　　　　　　　　图 6-3-2　制作效果

（1）启动 Photoshop CS5，执行"文件→新建"命令，在弹出的"新建"对话框设置"宽度"为 819 像素，"高度"为 614 像素，"分辨率"为 72 像素 / 英寸。单击"确定"按钮，显示文件窗口。

（2）设置拾色器中的前景色为"R：239；G：209；B：144"，背景色为"R：200；G：132；B：49"，执行"图像→图像旋转→90 度（顺时针）"命令，将画布旋转。执行"滤镜→渲染→纤维"命令，在弹出的"纤维"对话框中设置"差异"为"15"，"强度"为"64"，如图 6-3-3（a）所示，单击"确定"按钮后效果如图 6-3-3（b）所示。

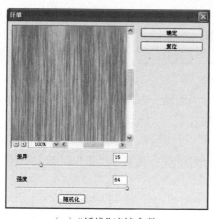

（a）"纤维"滤镜参数

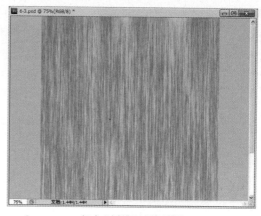

（b）"纤维"滤镜效果

图 6-3-3　"纤维"命令

（3）执行"图像→图像旋转→90度（逆时针）"命令，将画布恢复图 6-3-4 所示。

（4）新建图层"图层 1"，填充为白色。保持之前设置的前背景色，再次执行"滤镜→渲染→纤维"命令，在弹出的"纤维"对话框中设置同样的参数，单击"确定"按钮后效果如图 6-3-5（a）所示。设置该图层的图层混合模式为"变亮"，效果如图 6-3-5（b）所示。

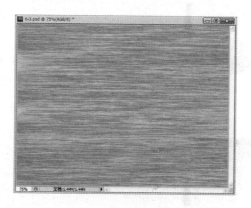

图 6-3-4　翻转后的效果

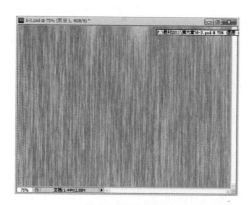

（a）"纤维"滤镜

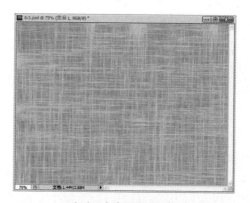

（b）"变亮"图层混合

图 6-3-5　"图层 1"设置

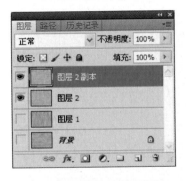

图 6-3-6 当前"图层"调板

（5）按下 <Ctrl+Alt+Shift+E> 快捷键，盖印生成盖印图层"图层2"，隐藏"背景"及"图层1"图层，复制"图层2"图层生成"图层2副本"，图层效果如图 6-3-6 所示。

（6）执行"滤镜→风格化→浮雕效果"命令，在弹出的"浮雕效果"对话框中设置"角度"为 –45°，"高度"为"5"，"数量"为"300"，如图 6-3-7 所示。设置该图层的图层混合模式为"柔光"，效果如图 6-3-8 所示。

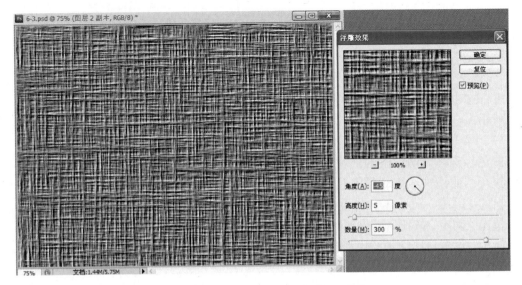

图 6-3-7 "浮雕效果"参数

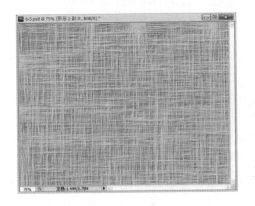

图 6-3-8 "柔光"混合后的浮雕效果

（7）按下 <Ctrl+Alt+Shift+E> 键，盖印生成盖印图层"图层3"，双击"图层3"弹出"图层样式"对话框。分别设置图 6-3-9（a）所示的内阴影及图 6-3-9（b）所示的"斜面和浮雕"样式参数，单击"确定"按钮后效果如图 6-3-10 所示。

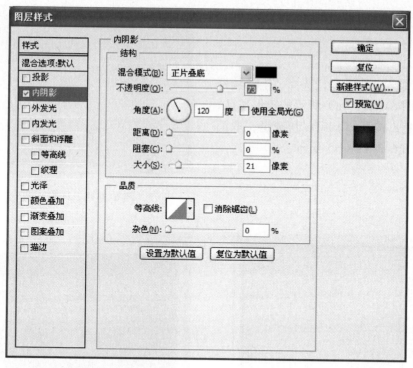

（a）"内阴影"样式

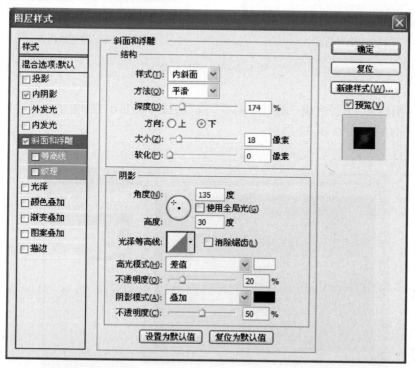

（b）"斜面与浮雕"样式

图 6-3-9　图层样式设置

（8）新建图层"图层 4"，选择"矩形选框工具"拖曳出图 6-3-11（a）所示的矩形选区，填充选区为黑色，按下 <Ctrl+D> 快捷键，取消选区后效果如图 6-3-11（b）所示。

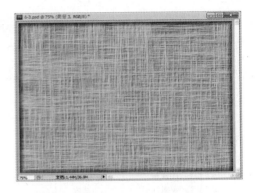

图 6-3-10　样式效果

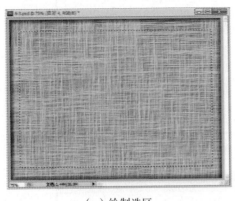

（a）绘制选区

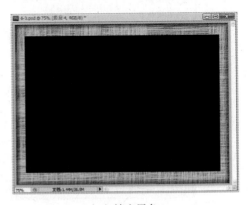

（b）填充黑色

图 6-3-11　选区设置

（9）复制"图层 4"图层生成"图层 4 副本"图层，按下 <Ctrl> 键，单击"图层 4 副本"图层，生成该图层的选区，如图 6-3-12 所示。

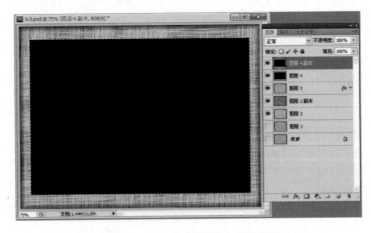

图 6-3-12　复制图层并生成选区

（10）执行"滤镜→杂色→添加杂色"命令，在弹出的"添加杂色"对话框中设置"数量"为"150"，"平均分布"、"单色"的设置如图 6-3-13（a）所示，单击"确定"按钮后效果如图 6-3-13（b）所示。

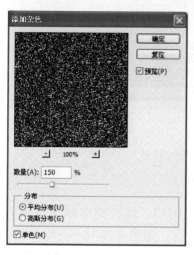

（a）"添加杂色"滤镜　　　　　　　　　　　（b）滤镜效果

图 6-3-13　"添加杂色"设置

（11）执行"滤镜→纹理→拼缀图"命令，在弹出的"拼缀图"对话框中设置"方形大小"为"8"，"凸现"为"10"，如图 6-3-14（a）所示，单击确定后效果如图 6-3-14（b）所示。

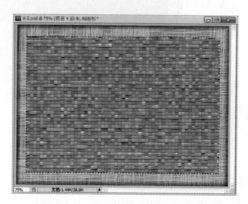

（a）"拼缀图"对话框　　　　　　　　　　　（b）滤镜效果

图 6-3-14　"拼缀图"设置

（12）执行"滤镜→风格化→照亮边缘"命令，在弹出的"照亮边缘"对话框中设置"边缘宽度"为"8"，"边缘亮度"为"3"，"平滑度"为"6"，如图 6-3-15（a）所示，单击确定后效果如图 6-3-15（b）所示。按下 <Ctrl+D> 快捷键，取消选区。

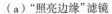

（a）"照亮边缘"滤镜　　　　　　　　　　（b）滤镜效果

图 6-3-15　"照亮边缘"对话框设置

（13）复制"图层4"图层生成"图层4副本2"图层，将该图层移动到最上面。按下 <Ctrl> 键，单击"图层4副本2"图层生成该图层的选区，如图 6-3-16 所示。

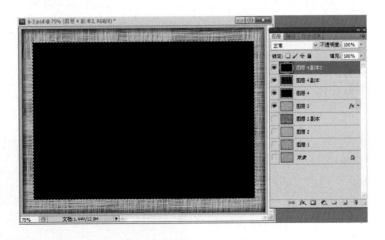

图 6-3-16　复制图层并生成选区

（14）恢复默认的前、背景色，执行"滤镜→渲染→分层云彩"命令，随机产生图 6-3-17（a）所示的云彩。可以多次使用 <Ctrl+F> 快捷键调整云彩形状，得到合适的效果，如图 6-3-17（b）所示。设置该图层的图层混合模式为"叠加"，效果如图 6-3-18 所示。

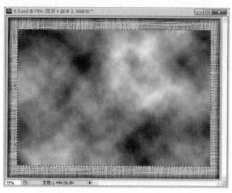

（a）"分层云彩"滤镜

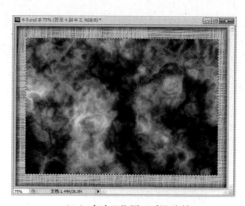

（b）多次"分层云彩"滤镜

图 6-3-17 "分层云彩"滤镜效果

（15）单击"图层"调板上的"创建新的填充或调整图层"按钮，在弹出的下拉菜单中选择"渐变映射"菜单项，在弹出的图 6-3-19 所示的"调整→渐变映射"调板中单击渐变条，在弹出的对话框中选择浅蓝色到深蓝色的渐变色，效果如图 6-3-20 所示。按下 <Ctrl+D> 快捷键取消选区。

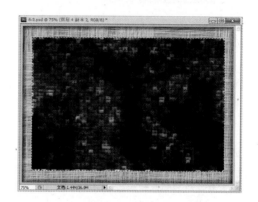

图 6-3-18 "叠加"混合效果

图 6-3-19 "调整→渐变映射"面板

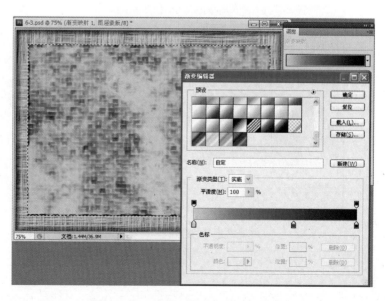

图 6-3-20 浅蓝到深蓝的渐变映射效果

（16）复制"图层4"图层生成"图层4副本3"图层，将该图层移动到最上面。按下 <Ctrl> 键，单击"图层4副本3"图层生成该图层的选区。执行"滤镜→杂色→添加杂色"命令，在弹出的"添加杂色"对话框中设置"数量"为"150"，"分布"为"高斯分布"，如图6-3-21（a）所示，单击确定后效果如图6-3-21（b）所示。

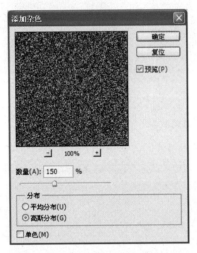 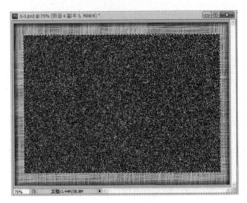

（a）"添加杂色"滤镜参数　　　　　　　　　　　（b）滤镜效果

图 6-3-21　"添加杂色"滤镜

（17）执行"滤镜→像素化→晶格化"命令，在弹出的"晶格化"对话框中设置"单元格大小"为"45"，如图6-3-22（a）所示，单击确定后效果如图6-3-22（b）所示。

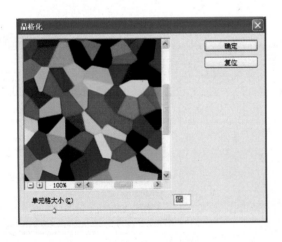 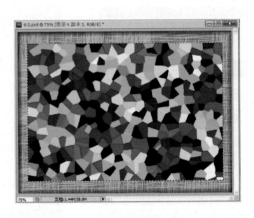

（a）"晶格化"滤镜参数　　　　　　　　　　　（b）滤镜效果

图 6-3-22　"晶格化"滤镜

（18）执行"滤镜→素描→铭黄"命令，在弹出的"铭黄渐变"对话框中设置"细节"为"10"，"平滑度"为"0"，如图6-3-23（a）所示，单击确定后效果如图6-3-23（b）所示。按下 <Ctrl+D> 快捷键取消选区。设置该图层的图层混合模式为"柔光"，效果如图6-3-24所示。

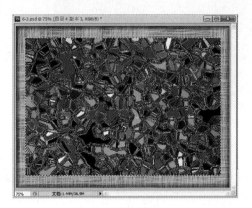

（a）"铭黄渐变"滤镜参数 　　　　　　　　（b）滤镜效果

图 6-3-23　"铭黄渐变"滤镜

（19）复制"图层4"图层生成"图层4副本4"图层，将该图层移动到最上面。按下 <Ctrl> 键，单击"图层4副本4"图层生成该图层的选区。执行"滤镜→渲染→云彩"命令，随机产生云彩效果。

（20）执行"滤镜→纹理→染色玻璃"命令，在弹出的"染色玻璃"对话框中设置"单元格大小"为"8"，"边框粗细"为"2"，"光照强度"为"4"，如图6-3-25(a)所示，单击确定后效果如图6-3-25（b）所示。按下 <Ctrl+D> 快捷键取消选区。设置该图层的图层混合模式为"柔光"，效果如图6-3-26所示。

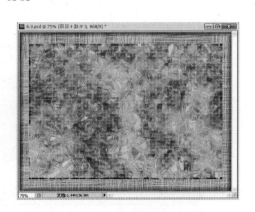

图 6-3-24　"柔光"混合效果

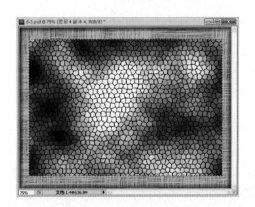

（a）"染色玻璃"滤镜参数 　　　　　　　　（b）滤镜效果

图 6-3-25　"染色玻璃"滤镜

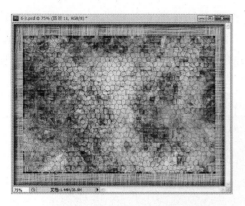

图 6-3-26 "柔光"混合效果

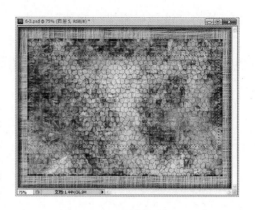

图 6-3-27 绘制矩形选区

（21）设置前景色为"R：255；G：0；B：0"，背景色为"R：32；G：43；B：129"，新建图层"图层5"，选择矩形选框工具拖曳出图6-3-27所示的矩形选区。执行"滤镜→渲染→云彩"命令，随机产生云彩效果，如图6-3-28（a）所示。按下 <Ctrl+D> 快捷键取消选区，设置该图层的图层混合模式为"线性减淡（添加）"，效果如图6-3-28（b）所示。

（a）"云彩"滤镜

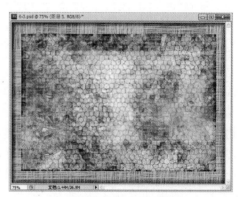

（b）"线性减淡"混合效果

图 6-3-28 "云彩"滤镜并"线性减淡"混合

（22）选择文字工具，设置字体为"BankGothic Lt BT"，"大小"为"100点"，输入图6-3-29（a）所示文字"P"。双击图层，在弹出的"图层样式"对话框中设置"描边"选项，"大小"为"2"，"描边位置"为"外部"，"颜色"为"黑色"，单击确定后效果如图6-3-29（b）所示。

（23）设置字体为"Arial Black"，"大小"为"36点"，如图6-3-30（a）所示输入文字"hotoshop"。双击该文字图层，在弹出的"图层样式"对话框中设置同样的"描边"选项，单击确定后效果如图6-3-30（b）所示。

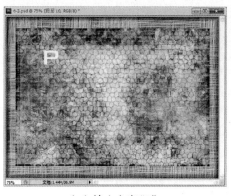
（a）输入文字"P"

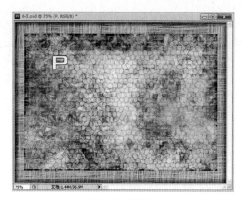
（b）文字描边

图 6-3-29　输入文字并描边

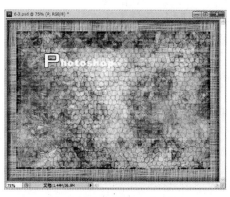
（a）输入文字"hotoshop"

（b）文字描边

图 6-3-30　输入文字并描边

（24）设置当前前景色为白色，新建图层"图层 6"，选择直线工具 ，选择选项栏当前选项为"填充像素" ，"粗细"为"2px"，如图 6-3-31 所示，绘制一条白色直线。

（25）单击"图层"调板下方的"添加矢量蒙版"按钮 ，为"图层 6"添加蒙版，如图 6-3-32 所示。选择渐变工具，单击选项栏上的渐变条，设置"黑白黑"渐变色 ，在当前蒙版上拉出黑色到白色到黑色的渐变，效果如图 6-3-33 所示。

图 6-3-31　绘制白色直线

图 6-3-32　添加蒙版

图 6-3-33　渐变蒙版生成渐隐线

（26）复制"图层 6"生成"图层 6 副本"图层，适当移动"图层 6 副本"图层的位置，得到图 6-3-34 所示的两条渐隐线。

图 6-3-34　两条渐隐线

（27）选择文字工具，设置字体为"Arial Black"，"大小"为"60 点"，如图 6-3-35（a）所示输入文字"CS5"。双击该文字图层，在弹出的"图层样式"对话框中设置"描边"选项，"大小"为"2"，"描边位置"为"外部"，"颜色"为"R：57；G：69；B：154"，单击确定后效果如图 6-3-35（b）所示。

（a）输入文字"CS5"　　　　　　　　　　　　　　（b）文字描边

图 6-3-35　输入文字并描边

（28）在文字图层上右击，在弹出的快捷菜单中选择"栅格化文字"选项，将文字图层转换成普通图层。执行"滤镜→风格化→风"命令，在弹出的"风"对话框中设置图 6-3-36 所示的参数，生成图 6-3-37（a）所示的效果。使用 <Ctrl+F> 快捷键再次吹风得到合适的效果，如图 6-3-37（b）所示。

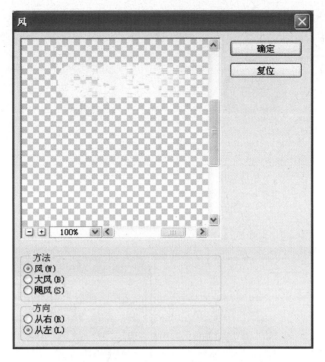

图 6-3-36 "风"滤镜

（a）一次"风"效果

（b）两次"风"效果

图 6-3-37 "风"效果

（29）打开素材文件"6-3-1.psd"，复制"图层 2"图层生成"图层 2 副本"图层，隐藏"图层 2"图层。按下 <Ctrl> 键，单击"图层 2 副本"生成选区，如图 6-3-38（a）所示。执行"选择→变换选区"命令，按下 <Shift+Alt> 快捷键调整选区到图 6-3-38（b）所示的位置，按下 <Shift+Ctrl+I> 快捷键将选区反向。

（30）执行"滤镜→模糊→高斯模糊"命令，在弹出的"高斯模糊"对话框中设置"半径"为"40"像素，确定后生成图 6-3-39 所示效果。按下 <Ctrl+D> 快捷键取消选区。

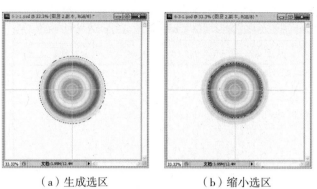

（a）生成选区　　　　　　　　（b）缩小选区

图 6-3-38　生成选区并缩小

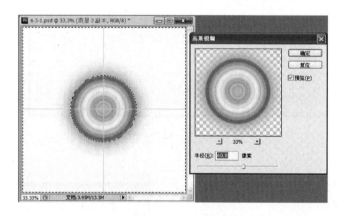

图 6-3-39　"高斯"模糊边缘

（31）显示"图层3"图层，设置该图层的图层混合模式为"叠加"，生成"光芒"效果如图 6-3-40(a)所示。按下 <Ctrl+Alt+Shift+E> 快捷键盖印生成盖印图层"图层4"，按下 <Ctrl> 键，单击"图层2副本"生成选区，如图 6-3-40（b）所示。

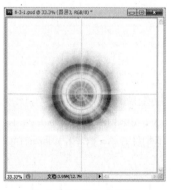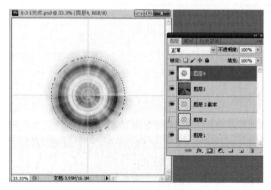

（a）"叠加"生成光芒　　　　　　　（b）盖印图层并生成选区

图 6-3-40　"叠加"并生成盖印图层

（32）拖动选区内容到之前编辑的文件生成"图层 7"图层，如图 6-3-41（a）所示，移动该图层到"CS5"文字图层的下方。等比例调整图层大小为之前的 25%，效果如图 6-3-41（b）所示。

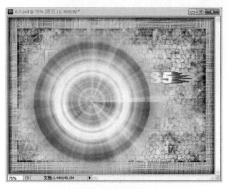 

　　　　（a）拖移光芒　　　　　　　　　　　　（b）缩小光芒

图 6-3-41　拖动并缩小光芒

（33）打开素材文件"6-3-2.jpg"，执行"图像→图像旋转→水平翻转画布"命令将图像翻转方向，如图 6-3-42 所示。

（34）复制"背景"图层生成"背景副本"图层，复制"背景副本"图层生成"背景副本 2"图层。隐藏"背景副本 2"图层，选择"背景副本"图层，如图 6-3-43 所示。

图 6-3-42　水平翻转画布　　　　　　　图 6-3-43　当前图层面板

（35）设置默认的前背景色，执行"滤镜→纹理→颗粒"命令，在弹出的"颗粒"对话框中设置"强度"为"20"；"对比度"为"50"；"颗粒类型"为"喷洒"，如图 6-3-44（a）所示，确定后生成效果如图 6-3-44（b）所示。

（36）执行"滤镜→模糊→动感模糊"命令，在弹出的"动感模糊"对话框中设置"角度"为"45"；"距离"为"30"，如图 6-3-45 所示，生成动感模糊效果。

（a）"颗粒"滤镜参数　　　　　　　（b）"颗粒"滤镜效果

图6-3-44　"颗粒"滤镜

图6-3-45　"动感模糊"滤镜效果

（37）执行"滤镜→画笔描边→成角的线条"命令，在弹出的"成角的线条"对话框中设置图6-3-46（a）所示的参数，确定后生成效果如图6-3-46（b）所示。设置该图层的图层混合模式为"柔光"，效果如图6-3-47所示。

（a）"成角的线条"滤镜参数　　　　（b）"成角的线条"滤镜效果

图6-3-46　"成角的线条"滤镜

（38）显示"背景副本 2"图层，设置该图层的图层混合模式为"叠加"，效果如图 6-3-48 所示。执行"滤镜→风格化→查找边缘"命令，生成效果如图 6-3-49 所示。

（39）执行"滤镜→纹理→纹理化"命令，在弹出的"纹理化"对话框中设置图 6-3-50（a）所示的参数，确定后生成效果如图 6-3-50（b）所示。

图 6-3-47 "柔光"混合效果

图 6-3-48 "叠加"混合效果

图 6-3-49 "查找边缘"效果

（a）"纹理化"滤镜参数

（b）"纹理化"效果

图 6-3-50 "纹理化"滤镜

（40）按下 <Ctrl+Alt+Shift+E> 快捷键盖印生成盖印图层"图层 1"，选择"背景"图层，选择"魔棒工具" ，设置"容差"为"10"，非"连续"，在蓝色背景上单击生成图 6-3-51 所示的选区。隐藏"背景"、"背景副本"和"背景副本 2"图层，选择"图层 1"图层，按下 <Delete> 键删除背景颜色，按下 <Ctrl+D> 快捷键取消选区，效果如图 6-3-52 所示。

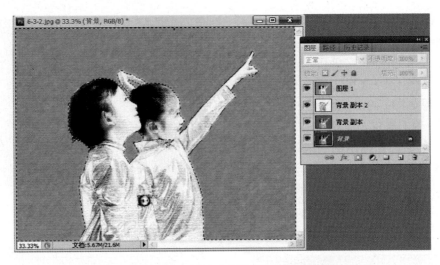

图 6-3-51 建立"背景"的蓝色选区

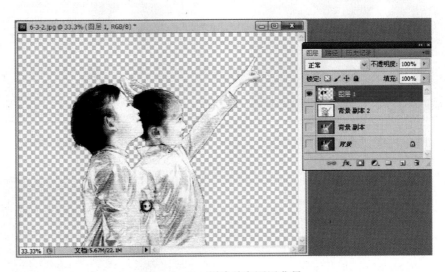

图 6-3-52 删除盖印图层背景

（41）拖动"图层 1"到之前编辑的文件，按下 <Ctrl+T> 快捷键，按住 <Shift+Alt> 快捷键等比例缩小图像大小为原来的 38%，旋转 10°，调整确定后效果如图 6-3-53 所示。

（42）按下 <Ctrl> 键，单击"图层 4"图层载入图 6-3-54 所示的选区，执行"图层→图层蒙版→显示选区"命令生成蒙版，效果如图 6-3-55 所示。

（43）新建图层"图层 9"，选择直线工具 ，选择工具选项栏上的"填充像素"，"粗细"为"1px"，绘制图 6-3-56 所示不同长度的黑色线条。执行"滤镜→扭曲→波浪"命令，在弹出的"波浪"对话框中设置图 6-3-57 所示的参数，确定后生成效果如图 6-3-58 所示。

（44）调整曲线的方向及位置，如图 6-3-59（a）所示。设置"图层 9"图层混合模式为"柔光"，如图 6-3-59（b）所示。复制多个图层，调整位置后最终效果如图 6-3-60 所示。

图 6-3-53　拖移并调整人物后效果

图 6-3-54　建立矩形选区

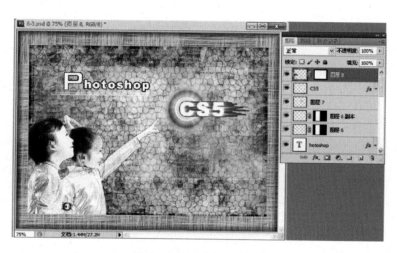

图 6-3-55　选区生成蒙版

图 6-3-56　绘制不同长度的黑色线条

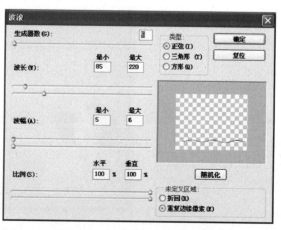

图 6-3-57　"波浪"滤镜参数

图 6-3-58　用直线工具生成"波浪"曲线

（a）调整曲线角度

（b）"柔光"混合效果

图 6-3-59　调整曲线并设置"图层 9"为"柔光"混合模式

图 6-3-60　复制多个曲线的最终效果

实　训

应用效果制作的工具及方法，制作下列小海报。效果如图 6-4-1 所示。

图 6-4-1　校"技能节"小海报

主要操作步骤如下：

（1）新建一个文件，设置如下：宽度为"49 厘米"，高度为"75 厘米"，分辨率为"72像素 / 英寸"，背景内容为"白色"。

（2）恢复默认的前景色、背景色，应用"云彩"滤镜制作云彩。新建一个"七彩渐变"的图层，将图层混合模式设置为"颜色"。盖印当前图层。

（3）调整图层的色阶，使得颜色对比更强烈。应用"动感模糊"滤镜为图层添加一点模糊效果。应用"凸出"滤镜制作凸出的立方体。应用"光照效果"滤镜制作出海报背景。

（4）隐藏所有图层，新建图层，应用"云彩"滤镜制作云彩。应用"凸出"滤镜制作凸出的立方体。应用"照亮边缘"滤镜制作立方体的边缘线。新建一个浅蓝色图层，将图层混合模式设置为"叠加"。盖印当前图层。

（5）输入文字"2011"，建立选区，将选区外的边缘线条效果删除，添加文字的图层样式。

（6）绘制路径，制作彩带，图层混合模式设置为"色相"。

（7）输入文字"技能节"，调整文字路径，添加文字的图层样式。

（8）应用选区、变形工具、渐变制作五彩风车标志。

（9）添加其他文字并添加图层样式，完成制作。

单元 7

文字及效果

在广告、印刷品、海报等作品设计中，文字随处可见，文字能直观地传达信息，是各类设计作品中不可缺少的重要元素。丰富多彩的文字更能起到增强视觉传达效果、强化主题、提高作品表达力的作用。文字的设计是图形图像处理中的重要环节。

文字工具是 Photoshop 中常用的工具之一，Photoshop 提供 4 种文字工具，利用这些工具可以对文字的形态、排版、样式等进行设计。

任务 1　文字的输入——巧用横排文字工具美化页面

【学习目标】
• 文字工具
• 点文本及段落文本
• 文字的输入与编辑方法

【实战演练】

在本案例中，主要介绍文字工具的应用，并使用文字控制调板对文字进行调整，完成效果如图 7-1-1 所示。

图 7-1-1　文字效果图

1. 设置标题

（1）执行"文件→打开"命令，打开素材文件"7-1a.jpg"文件。保存文件为"7-1.psd"。

（2）新建"图层1"，将前景色设为粉红色（R：255；G：80；B：211），选择工具箱中的圆角矩形工具，单击属性栏中的"填充像素"按钮，将"半径"选项设为20 px，在图像中拖曳鼠标绘制一个圆角矩形，在"图层"调板中，选择调板上的"不透明度"的调节滑块，设置数值为55%，效果如图7-1-2所示。

图7-1-2 绘制圆角矩形

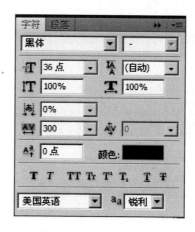

图7-1-3 设置字符调板

（3）选择工具箱中的横排文字工具 T，在属性栏中设置字体为：黑体；大小为36点；设置颜色为黑色（R：0；G：0；B：0）。单击"切换字符和段落调板"按钮，打开"字符"调板，在调板中设置字符的字距 为：300。设置字符调板如图7-1-3所示。

（4）在圆角矩形上单击，出现输入文字的I型光标，输入文字"好书推荐："，输入完文字后，单击工具选项栏中的"提交"按钮 确定。

（5）创建好文字后，"图层"调板中会添加一个新的文字图层：好书推荐。如图7-1-4所示。双击文字图层，在弹出的"图层样式"对话框中，单击勾选"描边"左边的复选框，设置"描边"效果，如图7-1-5所示。在其选项中设置颜色为白色（R：255；G：255；B：255）；大小为5像素。效果如图7-1-6所示。

（6）同样，选择工具箱中的横排文字工具 T，在属性栏中设置字体为宋体；大小为30点；设置颜色为黑色（R：0；G：0；B：0）。设置字符的字距为：30。输入文字："——《法布尔昆虫记》"；双击文字图层，在"图层样式"中设置"描边"，颜色为白色；大小为2像素。效果如图7-1-7所示。

2. 设置图片与背景

（1）新建"图层2"，将前景色设为白色（R：255；G：255；B：255），选择工具箱中的矩形工具，单击属性栏中的"填充像素"按钮；单击"自定义形状"按钮 旁边的下拉按钮，设置"矩形选项"为"固定大小"，设置"W"为183 px，"H"为230 px；如图7-1-8所示。

（2）在图像中拖曳鼠标绘制一个白色矩形；双击图层，在"图层样式"中设置"描边"，

图 7-1-4　图层调板

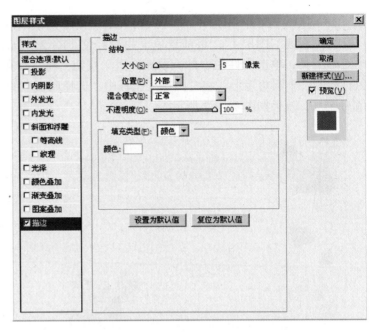

图 7-1-5　图层样式对话框

图 7-1-6　输入标题

图 7-1-7　输入书名

颜色为灰色（R：188；G：187；B：187）；大小为 2 像素。效果如图 7-1-9 所示。

（3）执行"文件→打开"命令，打开图书素材文件"7-1b.jpg"。用移动工具将打开的素材图片复制到当前文件"7-1.psd"中，并放在所绘制的矩形上。效果如图 7-1-10 所示。

（4）执行"文件→打开"命令，打开标题背景素材文件"7-1c.psd"。用移动工具将打开的素材图片复制到当前"7-1.psd"文件，并放在合适的位置。然后将此图层复制，将复制的图形放在合适的位置。效果如图 7-1-11 所示。

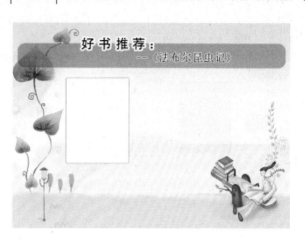

图 7-1-8　矩形选项

图 7-1-9　矩形效果

图 7-1-10　复制图书效果

图 7-1-11　复制标题背景图

3. 输入内容文字

（1）选择工具箱中的横排文字工具 T,，在属性栏中设置字体为宋体；大小为 12 点；设置颜色为褐色（R: 86；G: 49；B: 8）。单击"切换字符和段落调板"按钮，打开"字符"调板，在调板中设置字符的字距 为：55；设置行距 为：16 点。

（2）在图像窗口中，单击并按住鼠标左键不放，拖曳鼠标在图像窗口中创建一个段落定界框，如图 7-1-12 所示。文字插入点在定界框的左上角，输入文字，文字遇到定界框会自动换行。文字输入时，可按 <Enter> 键分段落。输入完成后，单击工具选项栏中的"提交"按钮 确定。效果如图 7-1-13 所示。

（3）同样，在"推荐理由"文字下创建段落定界框，并输入相应的文字，效果如图 7-1-13 所示。

（4）新建"图层 4"，将前景色设为白色，选择工具箱中的圆角矩形工具，单击工具选项栏中的"填充像素"按钮，将"半径"选项设为 20 px，在图像中拖曳鼠标绘制一个圆角矩形，在"图层"控制调板中，选择调板上的"填充"调节滑块，设置数值为 50%，效果如图 7-1-14 所示。

图 7-1-12　段落定界框　　　　　　　　　图 7-1-13　输入文字

（5）选择工具箱中的横排文字工具 T.，设置颜色为黑色，设置行距 A 为 25 点；创建段落定界框，并输入"出版社"等文字。

（6）将文件保存，完成制作。最终效果如图 7-1-15 所示。

图 7-1-14　圆角矩形效果

图 7-1-15　完成效果

任务 2　特效文字——制作"冰爽冷饮"特效

【学习目标】

• 制作特效文字

• 文字变形的应用

【实战演练】

本例通过对文字进行修饰与处理，使文字更加生动有趣、更具有艺术美感，增强文字的表达。效果如图 7-2-1 所示。

图 7-2-1 案例效果图

1. 冰雪字的制作

（1）执行"文件→打开"命令，打开素材文件"7-2a.jpg"。保存文件为"7-2.psd"。

（2）新建一图层组，命名为"冰雪字"。打开图层组，新建"图层1"，填充白色。

（3）选择工具箱中的横排文字工具，输入文字"冰爽"。文字字体为方正行楷；文字大小为72；字距为55；文字颜色为黑色。结束输入后单击工具选项栏的"提交"按钮 ✔ 确定。

（4）将文字图层和"图层1"合并，如图7-2-2所示。

（5）使用工具箱中的魔棒工具选中图片中的非文字区域的白色，对当前选区执行"滤镜→像素化→晶格化"命令。在晶格化对话框中，单元格数量设置为10，如图7-2-3所示。

图 7-2-2 "图层"调板

图 7-2-3 晶格化滤镜

（6）对当前选区使用快捷键 <Ctrl+Shift+I> 快捷键使选区反向，使文字成为选区。对选区执行"滤镜→杂色→添加杂色"命令。参数设置为：数量为40％，高斯分布，单色。具体如图7-2-4所示。

（7）执行"滤镜→模糊→高斯模糊"命令，模糊半径设置为2像素，如图7-2-5所示。

图 7-2-4　添加杂色滤镜

图 7-2-5　高斯模糊滤镜

（8）对选区执行"图像→调整→曲线"命令。调整曲线形状如图7-2-6所示。调整后的图像如图7-2-7所示。

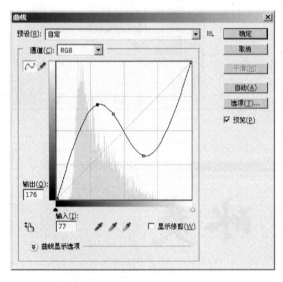

图 7-2-6　调整曲线

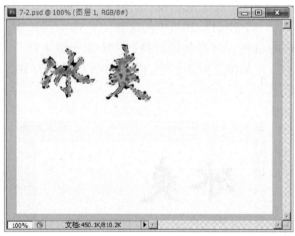

图 7-2-7　曲线调整后的效果

（9）取消选区，执行"图像→调整→反相"命令，执行"图像→图像旋转→90度（顺时针）"命令。效果如图7-2-8所示。

（10）执行"滤镜→风格化→风"命令，设置参数，方法：风；方向：从右。设置完成，单击"确

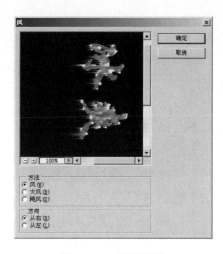

图 7-2-8　图像旋转　　　　　　　　　　图 7-2-9　"风"滤镜

定"按钮。效果如图 7-2-9 所示。若要加强效果，可以执行"滤镜→风"命令，再执行一次。

（11）执行"图像→图像旋转→90 度（逆时针）"命令。

（12）执行"图像→调整→色相 / 饱和度"命令，如图 7-2-10 所示。在"色相 / 饱和度"对话框中，选择"着色"；色相为 196；饱和度为 25；明度为 0。设置完成，单击"确定"按钮。图像添加颜色后的效果如图 7-2-11 所示。

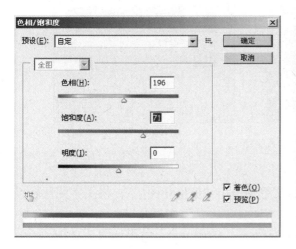

图 7-2-10　色相 / 饱和度

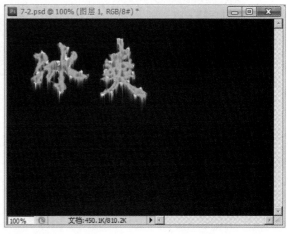

图 7-2-11　色相调整效果

（13）设置图层混合模式为"滤色"，并将图层复制多一层，将"图层 1"与"图层 1 副本"设置链接，如图 7-2-12 所示。

2. 立体字的制作

（1）新建一图层组，命名为"立体字"。选择工具箱中的横排文字工具，设置字体为黑体；文字大小为 60；字距为 55，文字颜色为蓝色（R：72；G：156；B：205）。单击图像窗口，输入文字"冷饮"。具体如图 7-2-13 所示。

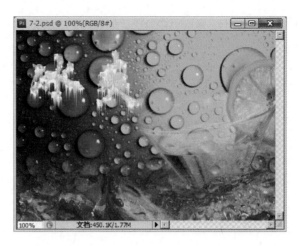

图 7-2-12 色相 / 饱和度

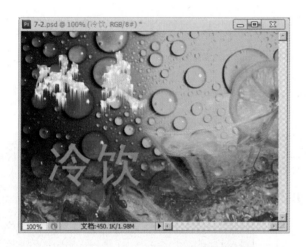

图 7-2-13 输入文字

（2）在"冷饮"文字图层上右击，在弹出的菜单中单击"栅格化图层"，将文字图层转换为普通图层，如图 7-2-14 所示。

（3）执行"编辑→变换→透视"命令，调整"定界框"的调节点，效果如图 7-2-15 所示。按 <Enter> 键确定。

（4）按 <Ctrl+Alt+ → > 快捷键，进行图层复制，连续按 8 次，复制 8 个图层，如图 7-2-16 所示。

（5）合并图层。将"冷饮"图层与"冷饮副本 7"图层合并。

（6）执行"文件→打开"命令，打开素材文件"7-2b.jpg"。用移动工具将素材图片复制到"7-2.psd"文件。在"冷饮副本 8"图层上生成一名为"图层 2"的图层，如图 7-2-17 所示。

（7）按住 <Ctrl> 键，并单击"冷饮副本 8"图层的缩略图。生成文字选区，按 <Ctrl+Shift+I>

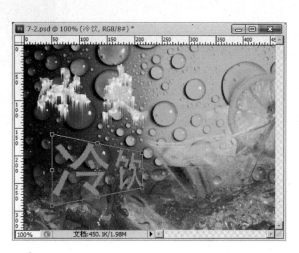

图 7-2-14　栅格化文字　　　　　　　　　　图 7-2-15　透视效果

图 7-2-16　复制图层

 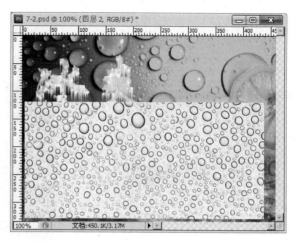

图 7-2-17　复制素材

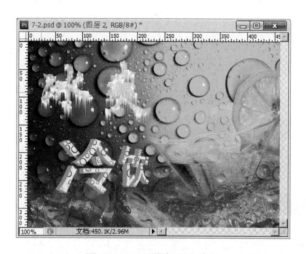

图 7-2-18　删除选区效果

键进行反选,单击"图层 2",按 <Delete> 键删除所选部分,然后取消选区。效果如图 7-2-18 所示。

(8)双击"图层 2",打开"图层样式"对话框,选择"投影",设置距离为:1 像素;大小为: 5 像素;颜色为:深蓝(R:0;G:32;B:133)。参数设置如图 7-2-19 所示。效果如图 7-2-20 所示。

3. 变形文字

(1)新建一图层组,命名为"变形字"。选择工具箱中的横排文字工具,设置:字体为幼圆; 文字大小为 14;字距为 10;文字颜色为黄色(R:244;G:234;B:67)。单击图像窗口,输入文字"给 炎炎夏日带来清凉"。

(2)单击"变形文字"按钮,打开"变形文字"对话框,单击"样式"输入框右边的 按钮,选择"扇形",设置参数:弯曲为 -28;水平扭曲为 +29;垂直扭曲为 -10;如图 7-2-21

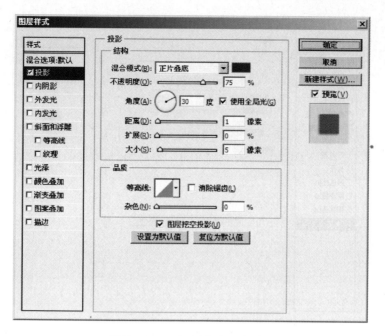

图 7-2-19 "图层样式"对话框

图 7-2-20 投影效果

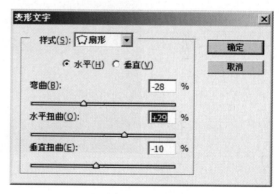

图 7-2-21 "变形文字"对话框

所示。可以一边设置参数，一边调整文字的位置，使变形文字适合图像。设置好后，单击工具选项栏的"提交"按钮✓确定。

（3）双击文字图层，打开"图层样式"对话框，选择"描边"，设置大小为 2 像素；颜色为蓝色（R：4；G：143；B：198）。参数设置如图 7-2-22 所示。效果如图 7-2-23 所示。

（4）保存文件为"7-2.psd"，完成制作。

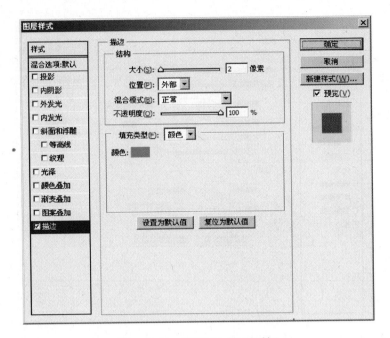

图 7-2-22 "图层样式"对话框

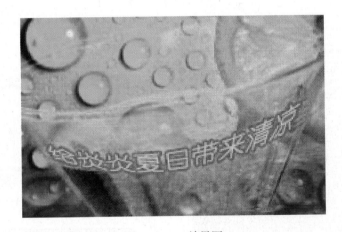

图 7-2-23 效果图

【知识提要】

在 Photoshop 中使用文字工具,不仅可以把文字添加到图像中,也可以设计各种特殊的文字效果,概括起来主要包括文字变形、特效文字、路径文字等。

1. 文字的变形

利用文字工具选项栏中的"变形文字"功能,可以使文字弯曲或延伸,将文字改变成多种变形样式。同时,图形的许多变形技巧也同样适用于文字。使得文字的变化丰富多彩,大大提高文字的艺术效果。

(1)变形文字

使用文字工具选项栏的"变形文字"按钮 ,可以对文本进行多种变形,单击"变形文字"按钮 ，即弹出 "变形文字" 对话框， "变形文字" 对话框包括：样式、水平、垂直、弯曲、水平扭曲和垂直扭曲等选项，如图 7-2-21 所示。

通过设置 "变形文字" 对话框中的变形样式及相应的参数，令文字产生各种不同的变形，达到不同的文字效果，如图 7-2-24 所示。

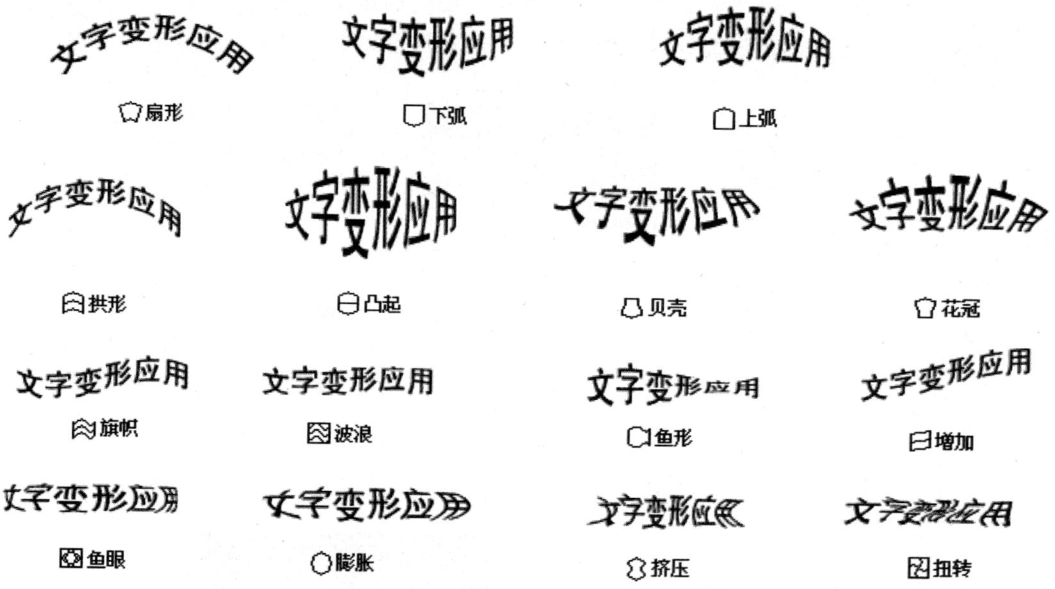

文字变形应用 ⬠扇形　　文字变形应用 ⬡下弧　　文字变形应用 ⬡上弧

文字变形应用 ⬡拱形　　文字变形应用 ⬡凸起　　文字变形应用 ⬡贝壳　　文字变形应用 ⬡花冠

文字变形应用 ⬡旗帜　　文字变形应用 ⬡波浪　　文字变形应用 ⬡鱼形　　文字变形应用 ⬡增加

文字变形应用 ⬡鱼眼　　文字变形应用 ⬡膨胀　　文字变形应用 ⬡挤压　　文字变形应用 ⬡扭转

图 7-2-24　各种文字变形效果

选择文字工具后，若当前层为文字图层，工具选项栏中的变形文字按钮就会处于激活状态。变形工具还可以对段落文本进行变形。

注意：变形功能对整个文字图层同时起作用，不能对图层中的某些文字单独设置。如果要制作多种文字变形混合的效果，可以将文字设置成不同的文字图层，然后分别设定变形。

（2）自由变换

文字与图像一样能够进行各种变换操作。变换文字时，首先要在 "图层" 控制调板中选中需要变换文字的图层；然后执行 "编辑→变换" 命令或按快捷键 <Ctrl+T> 快捷键调出变换控制框，通过拖动变形控制框的控制点，对文字进行变形操作，如图 7-2-25 所示。

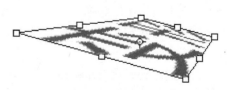

图 7-2-25　变形效果

注意：自由变换中的 "扭曲"、"透视" 不适用于文字图层，要使用这两个功能，首先要栅格化文字，将文字图层转化为普通图层。

2. 文字特效

特效文字的制作是 Photoshop 的一大亮点，给文字增加特效有很多方法。

（1）使用"图层样式"

"图层样式"命令下的所有子命令都适用于文字图层。可以根据需要，选择不同的子命令，为文字增加效果，如产生阴影和三维斜面的效果等。还可以选择不同的样式进行叠加，创建各种独特的风格。丰富的图层样式，可以创造出各种文字特效，如图 7-2-26 所示。

图 7-2-26　特效字

（2）使用滤镜

通过滤镜可以创建许多风格各异的文字特效。除了滤镜，还可以灵活使用通道技术、计算、调整等命令，结合图层样式，创建各种不同质感的特殊文字效果。使文字具有强烈的冲击力。效果如图 7-2-27 所示。

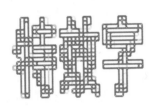

图 7-2-27　使用滤镜

> 注意：使用滤镜前，要将文字图层转换成普通图层或者将文字图层与背景图层合并。

3. 文字转换

（1）文字图层转换

某些命令和工具（如滤镜效果、色彩调整）不适用文字图层。如果要运用这些命令和工具，需要将文字图层进行转换。选择文字图层并执行"图层→栅格化→文字"命令可以栅格化文字，将文字图层转换成普通图层。

在图层调板中的文字图层上右击，在弹出的快捷菜单中选择"栅格化文字"命令，也可将文字图层转换为普通图层。栅格化文字将文字图层转换为普通图层后，其内容不能再作为文本编辑。

（2）点文本与段落文本相互转换

当选择的文本是点文本时，执行"图层→文字→段落文本"命令，可以将点文本转换为段落文本。

　　当选择的文本是段落文本时，执行"图层→文字→点文本"命令，可以将段落文本转换为点文本。

任务3　路径文字——巧用文字特效制作生日蛋糕

【学习目标】

- 变形文字
- 沿路径创建文字
- 路径内创建文字

【实战演练】

　　Photoshop 对文字的处理中，文字的变形是非常灵活的。为了生成特效文字，可以将输入的文字进行栅格化处理，也可以将文字转换成工作路径和形状进行编辑，使文字排列更具趣味，产生意想不到的修饰、美化效果。案例效果如图 7-3-1 所示。

　　1. 制作变形文字

　　（1）执行"文件→新建"命令，设置"宽度"为 600 像素；"高度"为 400 像素；"分辨率"为 72 像素 / 英寸；"颜色模式"为 RGB 颜色；背景内容为透明。单击"确定"按钮，建立新文件。

图 7-3-1　案例效果

　　（2）选择工具箱中的横排文字蒙版工具，在工具选项栏中设置文字字体为幼圆；文字大小为 145；字距为 10。输入文字"生日快乐"。单击工具选项栏的"提交"按钮 ✓ 确定。

　　（3）选择"路径"调板，单击"将选区转换为路径"按钮 ，如图 7-3-2 所示。

　　（4）选择工作路径，按 <Ctrl+T> 快捷键对路径进行缩小与拉长（宽为 75%，高为 125%）。效果如图 7-3-3 所示。

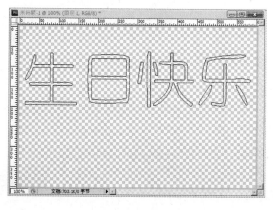

图 7-3-2　转为路径

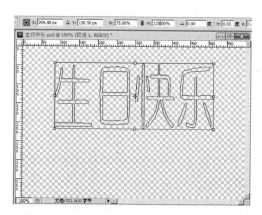

图 7-3-3　路径变换

（5）利用钢笔工具，添加锚点或删除锚点；利用 <Alt> 键、<Ctrl> 键转换为转换点工具
和直接选择工具，对路径进行角度及锚点位置的调整，"生"字路径调整的效果如图 7-3-4
所示。

（6）依次对各文字部分的路径进行编辑、修改，效果如图 7-3-5 所示。

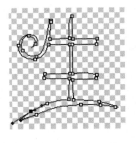
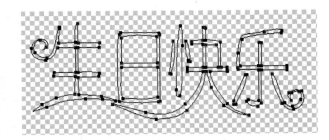

图 7-3-4　调整路径效果　　　　图 7-3-5　调整各文字部分路径效果

（7）将文字路径转换为选区，设置前景色为红色（R：244；G：21；B：21）。填充颜色。效
果如图 7-3-6 所示。

图 7-3-6　填充颜色

（8）执行"文件→打开"命令，打开素材文件
"7-3a.jpg"。

（9）利用移动工具，将制作好的文字"生日快乐"
复制到素材文件"7-3a.jpg"。按 <Ctrl+T> 快捷键，对
文字"生日快乐"进行缩小，旋转并放置合适的位置。
效果如图 7-3-7 所示。然后保存文件为"7-3.psd"。

2. 沿路径文字

（1）在"路径"调板中，单击下方的"创建
新路径"按钮，创建一个新的路径层"路径 1"，
选择钢笔工具，在工具选项栏中选择"路径"模式
，在画面上的气球下绘制曲线形状的路径，如图
7-3-8 所示。

（2）选择横排文字工具，设置字体为"Arial"，
字体大小为"10 点"，颜色为蓝色（R：43；G：88；B：

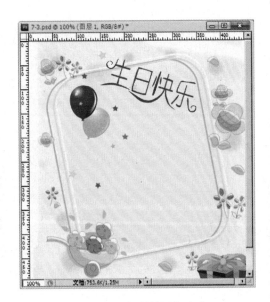

图 7-3-7　复制并调整文字

169）；将光标移到路径处，当光标变成 I 时，单击曲线路径起点，重复输入"happy"，直到文字沿路径排列到曲线路径末尾，效果如图7-3-9所示。

图7-3-8 绘制路径

图7-3-9 沿路径输入文字

（3）利用（1）、（2）的方法，再绘制另一个气球的曲线路径，并输入文字，颜色为（R：63；G：199；B：229）。效果如图7-3-10所示。"路径"调板与"图层"调板如图7-3-11所示。

图7-3-10 沿路径文字效果

图7-3-11 路径与图层调板

（4）在"路径"调板中，单击下方的"创建新路径"按钮 ，创建一个新的路径层"路径3"，选择椭圆工具，在工具选项栏中选择"路径"模式 ，在画面上绘制椭圆路径。选择横排文字工具，设置颜色为红色，然后沿路径输入文字"happy birthday"，直到文字全部绕路径一圈，如图 7-3-12 所示。

　　3. 路径文字的调整

（1）将上面建立的椭圆路径文字图层隐藏。

（2）创建一个新的路径层"路径 4"，绘制一蛋糕侧面的路径。选择横排文字工具，设置颜色为红色；然后沿路径输入文字"h"。效果如图 7-3-13 所示。

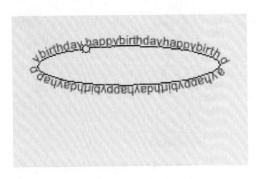

图 7-3-12　椭圆路径文字

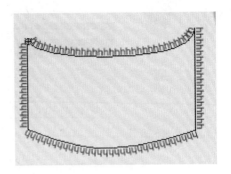

图 7-3-13　路径文字

　　（3）选择工具箱中的路径选择工具，将指针移至文字上，沿着路径方向拖动文字，将路径文字调整成图 7-3-14 所示的效果。

　　（4）将此路径文字图层栅格化，并将椭圆路径文字图层显示。效果如图 7-3-15 所示。

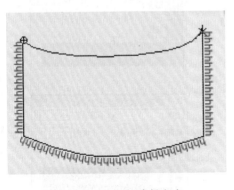

图 7-3-14　调整路径文字

图 7-3-15　效果图

　　（5）用同样的方法创建蜡烛形状路径文字。其中，烛光的文字为"1"，字体大小为"10点"；蜡烛部分的文字为"K"，字体大小为"1点"；并调整椭圆路径文字。效果如图 7-3-16 所示。

　　（6）用同样的方法创建蛋糕底部路径文字。其中，文字为"K"，字体大小为"10点"；并调整路径文字。效果如图 7-3-17 所示。

　　4. 路径内创建文字

（1）选择路径层"路径 4"，选择横排文字工具，设置字体大小为"6点"；行距为"24点"。

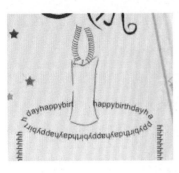

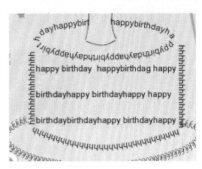

图 7-3-16 蜡烛形状路径文字　　　　图 7-3-17 蛋糕底部路径文字　　　　图 7-3-18 路径内文字

将光标移到路径中，当光标变成 I 时，单击路径中间，输入"happy birthday"文字，效果如图7-3-18所示。

（2）保存文件，完成绘制。

【知识提要】

1. 基于文字创建路径

通过将文字转换为工作路径，可以将这些文字用作矢量形状。从文字图层创建工作路径之后，可以像处理任何其他路径一样对该路径进行处理与存储。

2. 创建路径文字

路径文字在制作时有两种。

一种是沿路径排列的文字。沿着路径输入文字时，文字将沿着锚点被添加到路径的方向排列。绘制不同形状的路径后输入文字，文字会沿着路径的形状进行排列，使文字排列更富有趣味。

另一种是由路径制作的闭合区间内的文字，该种文字也称为区域文字。在闭合路径内输入文字，文字始终横向排列，每当文字到达闭合路径的边界时，会自动换行。

在制作路径文字时，先绘制路径，然后输入文字。需要什么形状的路径文字或区域形状的文字，都可以通过调整路径来实现。路径文字随路径的改变而改变。

3. 路径文字的调整

文字设置好后，还需要修改，可按以下几方面进行调整。

（1）修改文字属性

通过文字工具，调整工具选项栏的各选项，可调整文字的字体、大小、颜色等。

（2）修改路径形状

选择路径文字图层，利用钢笔工具、路径编辑工具等，可对路径形状进行调整，在调整的过程中相关的文字也随着调整。

（3）修改文字在路径上的位置

利用工具箱中的路径选择工具 ，将光标移至文字上，沿着路径方向拖动文字，可修改文字在路径上的位置。在拖移过程中，还可以将文字拖动至路径内侧或外侧。

实　训

利用本单元所介绍的知识，完成图 7-4-1 所示的广告绘制。

图 7-4-1　实训效果图

操作提示如下：

（1）使用渐变工具填充天空背景。"清凉之旅"用转换为路径进行变形，然后使用图层样式中的渐变叠加和描边。

（2）"海南经典之游"、"享受低价风暴…"使用文字变形工具。

（3）"沙滩、海水、阳光，禁不住…"、"行程安排"是沿路径文字，然后进行描边。

（4）具体行程安排内容为段落文本，线路特色为路径内文字。

单元 8

Photoshop CS5 的其他功能

Photoshop CS5 版本中，软件的界面与功能的结合更加趋于完美，各种命令与功能不仅得到很好的扩展，还最大限度地为用户的操作提供简捷、有效的途径。本章将介绍一些其他常用的工具及功能。

任务 1 自动批处理图像

动作与自动化是 Photoshop CS5 中用于提高工作效率的重要功能，当有一大批图像需要进行同一些操作时，采用 Photoshop CS5 的自动批处理功能，能为用户节省大量的时间。

【学习目标】
- 了解动作的基本概念
- 创建、编辑、应用动作的方法
- 掌握批处理命令的使用方法

【实战演练】

本案例通过为一批图像进行添加画框及压缩的处理，介绍批处理的操作。素材及效果如图8-1-1 所示。

图 8-1-1 素材及效果

（1）建立新文件夹，并命名为"效果"。

（2）打开"8-1a.jpg"、"8-1b.jpg"、"8-1c.jpg"、"8-1d.jpg"、"8-1e.jpg"、"8-1f.jpg"等 6 个文件。

（3）选择"8-1a.jpg"文件，执行"窗口→动作"命令，打开"动作"调板，如图 8-1-2 所示。

（4）单击"动作"调板下方的"创建新组"按钮 ，出现"新建组"对话框，如图 8-1-3 所示。单击"确定"按钮，此时"动作"调板中出现新的动作组，如图 8-1-4 所示。

（5）选择"木质画框 –50 像素"动作，按住 <Alt> 键，拖到"组 1"处，在动作"组 1"添加"木质画框 –50 像素"动作后，"动作"调板如图 8-1-5 所示。

图 8-1-2　"动作"调板

图 8-1-3　"新建组"调板

图 8-1-4　新建"组 1"

图 8-1-5　复制动作

（6）单击"组 1"左边的"展开"按钮 ▷，使得该按钮变成 ▽，展开该组的动作，如图 8-1-6 所示。

（7）单击"动作"调板下方的"新建动作"按钮 ，出现"新建动作"对话框，如图 8-1-7 所示。单击"记录"按钮，可见"动作"调板上新建"动作 1"，并且下方的"开始记录"按钮 ● 变成红色，表示进入动作录制阶段，如图 8-1-8 所示。

图 8-1-7 "新建动作"对话框

图 8-1-6 展开动作　　　　　图 8-1-8 新建"动作 1"

（8）执行"图像→图像大小"命令，设置如图 8-1-9 所示，单击"确定"按钮。

（9）执行"文件→存储为"命令，将文件存储到"效果"文件夹。

（10）单击"动作"调板下方的"停止播放 / 录制"按钮 ，停止动作的录制。此时"动作"调板上显示录制的新动作，如图 8-1-10 所示。

（11）选择"8-1a.jpg"文件，执行"编辑→后退一步"命令，恢复图像原始状态。

（12）选择"动作"调板的"木质画框 -50 像素"动作，单击"播放选定的动作"按钮 ，此时可见图像进行处理。

（13）依次选择文件"8-1b.jpg"、"8-1c.jpg"、"8-1d.jpg"、"8-1e.jpg"、"8-1f.jpg"，执行"木质画框 -50 像素"动作，完成批量处理图像工作，此时打开"效果"文件夹，可见图 8-1-11 所示文件。

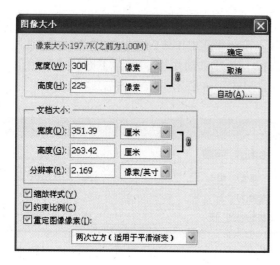

图 8-1-9 "图像大小"对话框

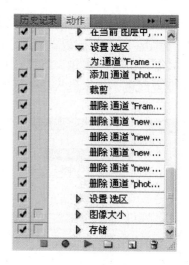

图 8-1-10 "动作"调板

图 8-1-11 完成效果文件

任务 2 制作全景图

【学习目标】

- 掌握合成全景图命令的使用方法
- 掌握自动对齐及自动混合的使用

【实战演练】

Photoshop 提供图片合并功能，可以将多张分部照片合并成一张全景的相片。本案例将图 8-2-1 所示的三张风景素材合成一张全景风景相，效果如图 8-2-2 所示。

图 8-2-1　素材

图 8-2-2　全景图像效果

（1）执行"文件→自动→Photomerge"命令，弹出"Photomerge"对话框，如图 8-2-3 所示。

（2）在"Photomerge"对话框中，单击"浏览"按钮，出现"打开"对话框，选择"素材"文件夹中的"8-2a.jpg"、"8-2b.jpg"、"8-2c.jpg"文件，如图 8-2-4 所示，单击"确定"按钮。

（3）在"Photomerge"对话框的"使用"列表框中，出现刚才所选择的三个文件，如图 8-2-5 所示。

（4）选择"版面"中的"自动"项，单击"确定"按钮，此时出现图 8-2-6 所示的提示消息框。

（5）进程结束后，完成全景图片的制作，效果如图 8-2-7 所示，此时"图层"调板显示如图 8-2-8 所示。

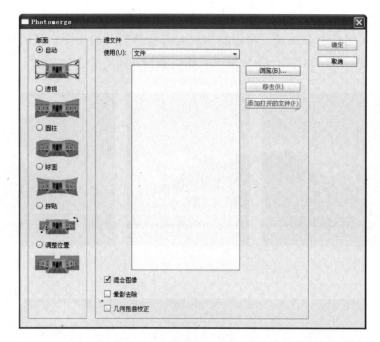

图 8-2-3 "Photomerge" 对话框

图 8-2-4 "打开" 对话框

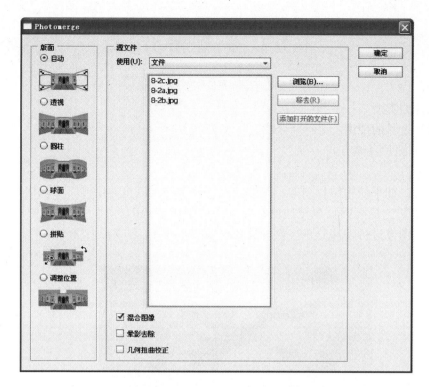

图 8-2-5 "Photomerge"对话框

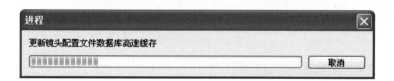

图 8-2-6 "进程"消息框

图 8-2-7 全景图片效果

图 8-2-8 "图层"调板

任务 3 分 割 图 片

【学习目标】

- 了解切片的类型
- 掌握切片工具的使用
- 掌握 Web 图片存储方式

【实战演练】

制作网页时，如果使用照片图像，图像较大，使得网页浏览速度慢，采取切片就是把图片严格分割成若干块，提高网页浏览速度，并且还可制作 HTML 标记。本案例中主要介绍如何利用切片工具对图像进行切片分割。素材及效果如图 8-3-1、图 8-3-2 所示。

图 8-3-1 素材

图 8-3-2 效果

（1）打开素材文件"8-3.jpg"，在工具箱中选择切片工具 ，在图像的左上角拖曳鼠标到右下角，图像上出现一个区域，并且左上端出现分割符号，如图 8-3-3 所示。

（2）在工具箱中选择切片选择工具，单击工具选项栏中的"划分"按钮，出现"划分切片"对话框。设置"水平划分"为 3；垂直划分为 4，如图 8-3-4 所示。

图 8-3-3　分割一个区域

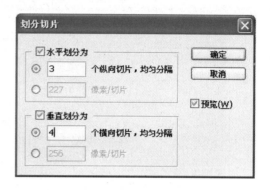

图 8-3-4　"划分切片"对话框

（3）单击"确定"按钮。此时可见图像被划分为 12 部分，每部分图像的左上角显示序号，如图 8-3-5 所示。

（4）双击图像左侧中间的图像"03"，出现"切片选项"对话框，在"URL"项中输入要链接到的主页地址。在"Alt 标记"项中输入显示的信息内容，如图 8-3-6 所示，单击"确定"按钮。

图 8-3-5　分割 12 部分效果

图 8-3-6　"切片选项"对话框

（5）执行"文件→存储为 Web 和设备所用格式"命令，出现"存储为 Web 和设备所用格式"对话框。选择"优化"选项卡，在"预览"框里，按住 <Shift> 键，选择所有被分割的部分，设置文件格式为"JPEG"，设置压缩品质为"中"，如图 8-3-7 所示。

图 8-3-7 "存储为 Web 和设备所用格式"对话框

（6）单击"存储"按钮，出现"将优化结果存储为"对话框，设置文件格式为"HTML 和图像（*.html）"，如图 8-3-8 所示。"设置"项为"其他"，此时出现"输出设置"对话框，在对话框中"设置"项设为"自定"、"背景"；"颜色"为"黑色"，如图 8-3-9 所示。

（7）单击"确定"按钮，回到"存储为 Web 和设备所用格式"对话框，单击"保存"按钮，图像已经保存。

（8）查看保存 HTML 文件的位置，已经生成"images"文件夹，如图 8-3-10 所示。

（9）双击"8-3.html"文件，运行网络浏览器，画面中显示分割后的图像，将光标放在左侧的标记部分上时，会显示信息，如图 8-3-11 所示。

图 8-3-8 "将优化结果存储为"对话框

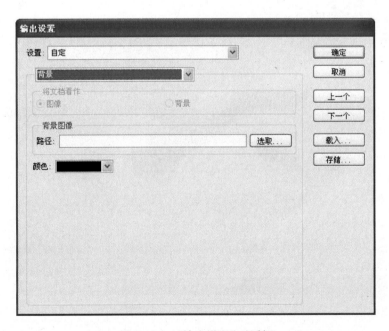

图 8-3-9 "输出设置"对话框

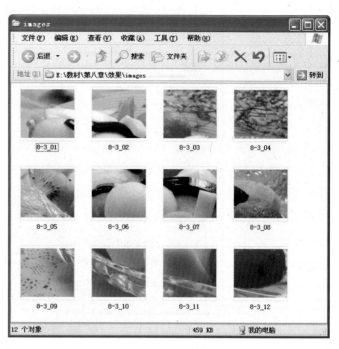

图 8-3-10　完成效果

图 8-3-11　利用浏览器打开 html 文件效果

任务 4 制作 3D 文字

【学习目标】

- 掌握 3D 工具的使用
- 掌握 3D 造型创建方法
- 掌握 3D 贴图及渲染的方法

【实战演练】

在 Photoshop CS5 中，可轻松地实现立体感、质感超强的 3D 图像。Photoshop CS5 在菜单栏中新增 "3D" 菜单，同时还配备了 "3D" 调板，使用户可以使用材质进行贴图，制作出质感逼真的 3D 图像，进一步推进 2D 和 3D 的完美结合。本案例为制作 3D 文字效果，如图 8-4-1 所示。

图 8-4-1 立体字

（1）打开素材文件 "8-4a.jpg"，如图 8-4-2 所示。

图 8-4-2 素材

图 8-4-3 输入文字效果

（2）选择工具箱中的文字工具 T，设置"字体"为"Arial"；"字形"为"Black"；"大小"为"200点"，"颜色"为黑色（R：0；G：0；B：0），在画面中输入文字"CITY"，如图 8-4-3 所示。

（3）执行"3D→凸纹→文本图层"命令，出现提示信息，如图 8-4-4 所示，单击"确定"按钮，出现"凸纹"对话框。选择"凸纹形状预设"的第一种，设置"深度"为 0.4，"膨胀"为"前部"，如图 8-4-5 所示，单击"确定"按钮，效果如图 8-4-6 所示。

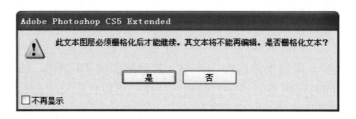

图 8-4-4　提示信息

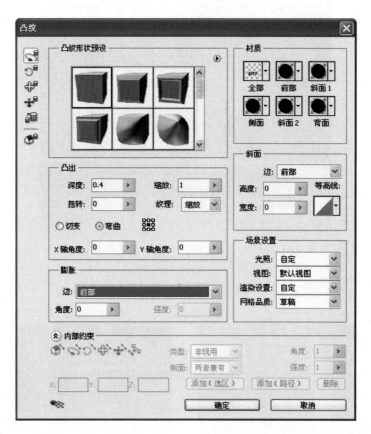

图 8-4-5　"凸纹"对话框

（4）执行"窗口→3D"命令，打开"3D{ 材质 }"调板，单击调板场景中的"CITY 前膨胀材质"，如图 8-4-7 所示。

（5）单击"3D"调板"漫射"项后面的按钮 ，选择"8-4b.jpg"文件，此时调板如图 8-4-8 所示，文字上已经贴上图，效果如图 8-4-9 所示。

图 8-4-6 完成"凸纹"设置效果

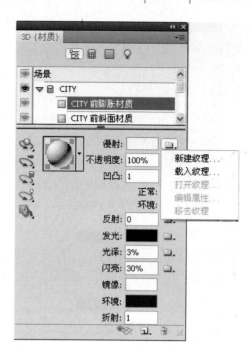

图 8-4-7 载入纹理

图 8-4-8 "3D"调板

图 8-4-9 文字前面贴图效果

（6）在"3D{材质}"调板上，选择"场景"中的"CITY 凸出材质"，单击"漫射"项后面的按钮▣，选择"8-4b.jpg"文件，此时调板如图 8-4-10 所示，文字上已经贴上图，效果如图 8-4-11 所示。

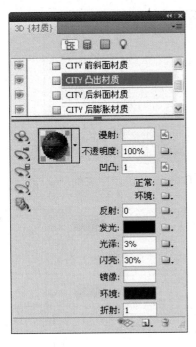

图 8-4-10　"3D"调板

图 8-4-11　文字凸出贴图效果

（7）在"3D{光源}"调板上，选择"场景"中的"无限光 1"，设置"光照强度"为 1.2；"柔和度"为 13%，此时调板如图 8-4-12 所示，效果如图 8-4-13 所示。

图 8-4-12　"3D"调板

图 8-4-13　设置光源效果

（8）分别利用 3D 网格旋转工具 、3D 网格平移工具 、3D 网格滑动工具 调整 3D 文字的效果，如图 8-4-14 所示。

（9）单击"图层"调板下方的"添加图层蒙版"按钮，为该图层添加蒙版，效果如图 8-4-15 所示。

图 8-4-14 调整文字后效果

图 8-4-15 "图层"调板

（10）单击蒙版，选择工具箱的画笔工具，设置颜色为黑色，画笔形式为"柔角 40"；流量为"20%"；透明度为"50%"。在立体字与草地相接的部分涂抹，效果如图 8-4-16 所示。

（11）新建"图层 2"，选择工具箱的画笔工具，设置颜色为白色，画笔形式为"圆扇形细硬毛刷"；大小为"70 px"；流量为"20%"；透明度为"30%"。沿着光线的方向绘制出光线的效果，如图 8-4-17 所示。

图 8-4-16 涂抹蒙版效果

图 8-4-17 绘制光线效果

（12）将文件保存为"8-4.psd"，完成操作。

【知识提要】

Photoshop CS5 对模型设置灯光、材质、渲染等方面都得到增强。结合这些功能，在

Photoshop 中可以绘制透视精确的三维效果图，也可以辅助三维软件创建模型的材质贴图。这些功能大大拓展 Photoshop 的应用范围。

1. 导入 3D 模型

在 Photoshop CS5 中必须选择"启用 OpenGL 绘图"选项，才能正常显示 3D 场景。

> 注意：OpenGL 是一种软件和硬件标准，可在处理大型或复杂图像（如 3D 文件）时加速视频处理过程，使 Photoshop CS5 打开、移动、编辑 3D 模型时的性能得到极大提高，但开启 OpenGL 设置需要支持 OpenGL 标准的显卡支持。

执行"编辑→首选项→性能"命令，在打开的"首选项"对话框中选择"性能"选项，勾选"启用 OpenGL 绘图"，即可完成开启 OpenGL 设置的功能，如果图 8-4-18 所示。

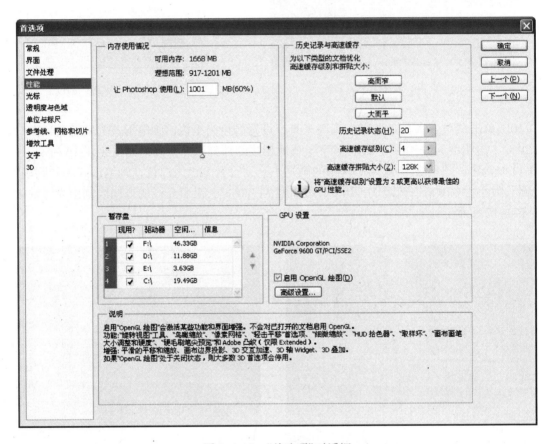

图 8-4-18 "首选项"对话框

导入 3D 模型的操作是：执行"3D →从 3D 文件新建图层"命令，直接打开 3D 模型文件。图 8-4-19 所示为导入 3D 格式的模型。此时"图层"调板与"3D"调板分别如图 8-4-20、图 8-4-21 所示。

2. 创建 3D 模型

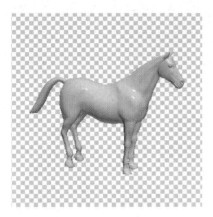

图 8-4-19　导入的模型

图 8-4-20　"图层"调板

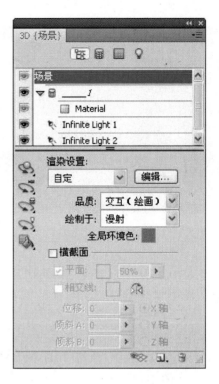

图 8-4-21　3D 调板

在 Photoshop CS5 中虽没有提供完善的 3D 建模功能，但可以创建最为基础的 3D 造型，图 8-4-22 所示为 Photoshop CS5 提供的基本 3D 造型。

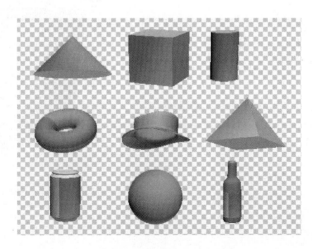

图 8-4-22　基本 3D 造型

对于创建 3D 形状，下面举例说明。

（1）创建 3D 明信片

打开素材文件"8-4-1a.jpg"，如图 8-4-23 所示。执行"3D →从图层新建 3D 明信片"命令，可创建 3D 明信片图层，可对其在 3D 空间内进行编辑，效果如图 8-4-24 所示。

图 8-4-23　素材　　　　　　　　　图 8-4-24　3D 空间旋转 3D 明信片效果

执行"3D →从图层新建 3D 明信片"命令，也用于创建 3D 对象，但是执行此命令是将一个平面图像转换为 3D 明信片两面的贴图材料，该平面图层也相对应被转换成 3D 图层。

（2）创建 3D 形状

在 Photoshop CS5 中，执行"3D →从图层新建形状"命令，然后从子菜单中选择一个形状，即可创建对应的 3D 模型。

例如：打开素材文件"8-4-1a.jpg"，如图 8-4-23 所示。执行"3D →从图层新建形状→立体环绕"命令，可生成立方体形状，并且素材贴在立方体各个表面，如图 8-4-25 所示。

（3）创建 3D 网格

执行"3D →从灰度新建网格"命令也可以生成一个 3D 模型。但该操作是利用一幅平面图像的灰度信息映射成 3D 模型的深度映射信息，生成深浅不一的 3D 立体表面。

例如：打开素材文件"8-4-3.psd"，如图 8-4-26 所示。执行"3D →从灰度新建网格"命令，选择不同的子命令，可生成不同的模型效果，如图 8-4-27 所示。

图 8-4-25　生成"立体环绕"3D 模型

图 8-4-26　素材

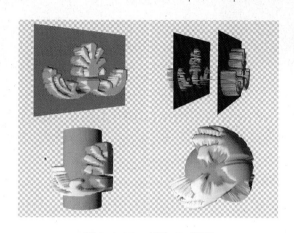

图 8-4-27　各种 3D 模型

单元 9

综合案例

任务 1　手机广告设计

【学习目标】

根据提供的素材，完成图 9-1-1 所示的音乐手机广告设计。

【实战演练】

本案例是音乐手机广告，以蓝色调为主，将五线谱、小喇叭等素材巧妙地组合到一起，突出表现音乐手机的产品特点，五线谱增加画面的时尚与活力，充分体现出音乐带给人的动感愉悦，再用闪闪的星光增加画面亮点。本案例主要运用渐变工具、镜头光晕滤镜命令、图层混合模式、图层样式，使画面与背景相融合，并结合图层蒙版对图像进行调整，制作出个性时尚的视觉效果。

（1）新建文件。执行"文件→新建"命令（或按快捷键 <Ctrl+N> 快捷键），弹出"新建"对话框，设置参数如图 9-1-2 所示，大小选择"A4"，分辨率为300 像素 / 英寸，颜色模式为"RGB 颜色"，单击"确定"按钮，新建一个空白文件。

（2）制作背景渐变。使用渐变工具，在工具选项栏中单击渐变条，打开"渐变编辑器"对话框，如图9-1-3 所示。设置渐变颜色，渐变条由左至右颜色参数为 #bab8ba，#00000。单击"确定"按钮，关闭"渐变编辑器"对话框。在工具选项栏中选择线性渐变，

图 9-1-1　手机广告最终效果图

在背景图层按住 <Shift> 键拖动鼠标由上至下填充渐变，效果如图 9-1-4 所示。

（3）制作背景光晕效果。执行"滤镜→渲染→镜头光晕"命令，设置参数如图 9-1-5 所示，选择镜头类型为"105 毫米聚焦"，亮度为"140%"，把光晕拖动到合适位置，效果如图 9-1-6 所示。

（4）添加背景颜色。新建图层并命名为"颜色叠加"。使用渐变工具，选择线性渐变，编辑渐变条颜色，渐变条由左至右颜色参数为 #0c5bb2、#95a7c6。"渐变编辑器"对话框如图 9-1-7所示。在该图层按住 <Shift> 键拖动鼠标由上至下填充渐变，填充完成后把图层混合模式更改为"颜色加深"，得到图 9-1-8 所示效果。

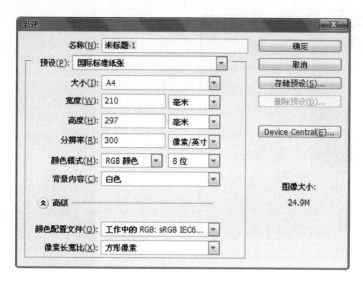

图 9-1-2　"新建"对话框

图 9-1-3　填充渐变

图 9-1-4　渐变效果

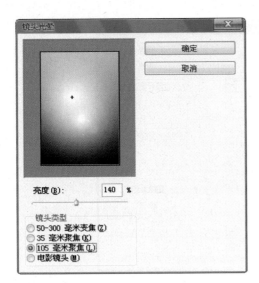

图 9-1-5 "镜头光晕"对话框

图 9-1-6 光晕效果

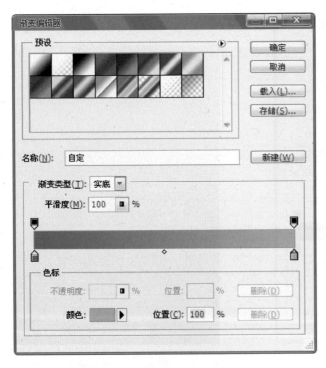

图 9-1-7 "渐变编辑器"对话框

图 9-1-8 填充渐变

（5）添加背景线条纹理。打开素材"蓝色线条"，利用移动工具将素材添加至文件中，调整素材的大小和位置，图层混合模式更改为"叠加"，得到图9-1-9所示效果。

（6）添加背景素材图像。打开素材"五线谱"，利用移动工具将素材添加至文件中，调整素材的大小和位置，在"图层"调板中添加图层样式，外发光参数设置如图9-1-10所示，效果如图9-1-11所示。

（7）制作小喇叭。打开素材"小喇叭"并置入文件当中，调整素材的大小和位置，在"图层"调板中添加图层样式，外发光参数设置如图9-1-12所示，效果如图9-1-13所示。

（8）制作小喇叭抖动层。复制"小喇叭"素材图层，把"小喇叭副本1"置于原图层下。执行"滤镜→模糊→动感模糊"命令，"角度"为0，"距离"为110像素，如图9-1-14所示，然后把"小喇叭副本1"图层不透明度修改为55%，得到图9-1-15所示效果。

图9-1-9　添加背景线条纹理

（9）制作小喇叭倒影。复制"小喇叭"素材图层，得到"小喇叭副本2"，按 <Ctrl+T> 快捷键自由变换图层，选择"垂直翻转"并拖动到合适位置。为该图层添加图层蒙版，使用渐变工具，选择线性渐变，渐变颜色为黑色至白色，图层蒙版状态如图9-1-16所示，在图层蒙版中拖动渐变以隐藏图层的下半部分，并且把图层不透明度调整到40%，得到图9-1-17所示的小喇叭倒影效果，图层顺序如图9-1-18所示。

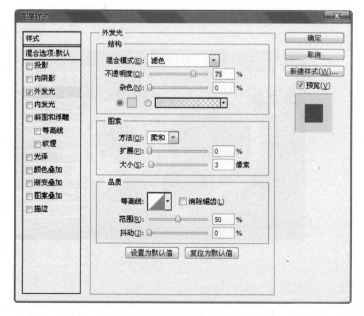

图9-1-10　外发光参数

图9-1-11　外发光效果

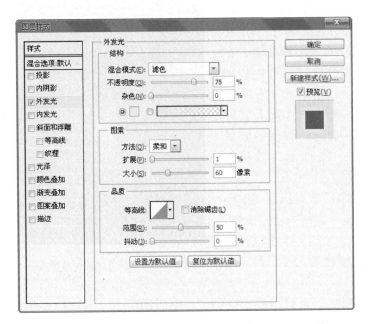

图 9-1-12　外发光参数

图 9-1-13　小喇叭效果

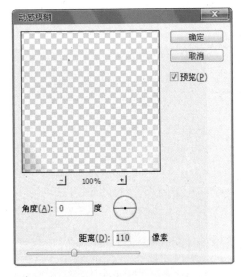

图 9-1-14　小喇叭效果

图 9-1-15　动感模糊命令

图 9-1-16 图层蒙版状态　　　　图 9-1-17 小喇叭倒影效果　　　　图 9-1-18 图层顺序

（10）制作手机面板。打开素材"手机面板"并置于文件当中，调整图层大小和位置，如图 9-1-19 所示。按住 <Ctrl> 键单击"小喇叭"图层建立选区，选择矩形选框工具，单击工具选项栏的"从选区中减去"按钮，将左边小喇叭的选区删除，如图 9-1-20 所示，得到图 9-1-21 所示的选区，反向选区，回到手机面板图层，给该图层添加图层蒙版，使手机面板与小喇叭有前后层次的效果，如图 9-1-22 所示。

图 9-1-19 调整手机面板大小和位置　　　　图 9-1-20 从选区中减去

图 9-1-21 从选区中减去得到的选区

图 9-1-22 添加图层蒙版效果

（11）按 <Ctrl+D> 快捷键取消选区，给手机面板图层添加图层样式，设置参数如图 9-1-23 所示；接着利用减淡工具对手机面板下的按键进行反复涂抹，使其有发光效果，效果如图 9-1-24 所示。

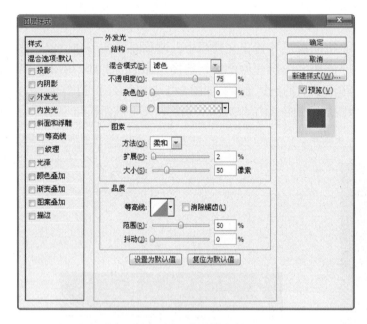

图 9-1-23 外发光参数

图 9-1-24 外发光效果

（12）手机屏幕制作。打开素材"音乐按钮"并置入文件当中，调整图层大小和位置，置入手机屏幕位置，效果如图 9-1-25 所示；给该图层添加图层蒙版，使用渐变工具，选择线性渐变，渐变颜色为黑色至白色，在图层蒙版中拖动渐变以隐藏图层的下半部分，效果如图 9-1-26 所示。

（13）制作按钮倒影。用与小喇叭倒影同样的方法，复制一个"音乐按钮副本 1"图层，制作按钮倒影，按住 <Ctrl+T> 快捷键自由变换，垂直翻转，拖动到合适位置。添加图层蒙版，并在蒙版中拖动黑白渐变隐藏部分，"图层"调板如图 9-1-27 所示。把"音乐按钮副本 1"图层不透明度调整为 40%，手机屏幕效果如图 9-1-28 所示。

图 9-1-25 置入手机屏幕位置

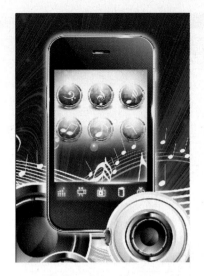

图 9-1-26 渐变效果

图 9-1-27 "图层"调板

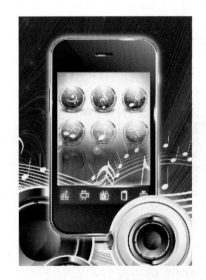

图 9-1-28 手机屏幕效果

（14）绘制手机高光。新建一个图层，命名为"高光"，使用多边形工具。选择"填充像素"，多边形参数设置如图 9-1-29 所示。在新建的图层中绘制一个六角星形图案，调整星形的大小和位置，并且给该图层添加外发光图层样式，参数设置如图 9-1-30 所示。最后利用橡皮擦工具，通过调整画笔的不透明度和流量，在形状边缘和棱角进行擦拭，使高光效果更真实，星形效果如图 9-1-31 所示。

图 9-1-29 多边形参数设置

（15）绘制圆角矩形。新建一个图层，使用圆角矩形工具，绘制三个圆角矩形路径，修改画笔笔尖形状，如图 9-1-32 所示；前景色设定为白色，打开"路径"调板选择用画笔描边路径；完成后调整图层大小位置，并设置

图 9-1-30　外发光参数设置　　　　　　　　　图 9-1-31　星形效果

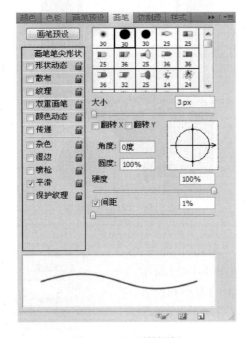

图 9-1-32　画笔调板　　　　　　　　　　　图 9-1-33　圆角矩形效果

不透明度为 80%，圆角矩形效果如图 9-1-33 所示。

（16）输入文字。添加上文字标题和广告语，手机广告已经基本完成，最终效果如图 9-1-34 所示。

图 9-1-34 手机广告最终效果图

图 9-1-35 "预防 H1N1"公益广告设计

【实训练习】

请读者选择合适素材，或自画图形，完成以"预防 H1N1"为主题的公益广告设计，要求主题明确、构图及色彩运用合理、主体形象突出。范例参考如图 9-1-35 所示。

主要操作步骤如下：

（1）新建一个"宽度"为 21 cm，"高度"为 29 cm，"分辨率"为 300 像素 / 英寸，"颜色模式"为 CMYK 颜色，"背景内容"为白色的文件，将背景填充为蓝色到白色的渐变。

（2）新建图层，利用矩形选框工具在画面中间画一矩形框，反向选区填充白色。

（3）新建图层，选择自定义形状工具，选择斜线形状，在渐变背景上画出斜线条，并设置图层不透明度为 85%。

（4）新建图层，选择画笔工具，按 F5 键调出画笔设置调板，选择适当笔刷，再适当设置一些参数和纹理，前景色设置为白色，然后用画笔就可以画出自己想要的心形云彩图案。

（5）"画笔"调板参数设置参考如下。设置画笔笔尖形状：笔尖类型（柔角 100，直径 100px，间距 25）；形状动态（大小抖动 100%，最小直径 20%，角度抖动 20%）；散布（两轴 120%，数量 5，数量抖动 100%）；纹理（云彩图样，缩放 100%，模式颜色加深，深度 100%）；其他动态：不透明度抖动 50%，流量抖动 20%。

（6）新建图层，选择适当画笔，用蓝色画出眼睛和嘴巴，用粉红色画出腮红，用草画笔以不同绿色喷出草地。

（7）输入广告语及广告标题，排版完成制作。

任务 2 化妆品包装设计

包装设计是指选用合适的包装材料，运用巧妙的工艺手段，为包装商品进行的容器结构造型和包装的美化装饰设计。

【实战演练】

本案例以某品牌化妆品的三种包装：内瓶包装、外盒包装、手袋包装，如图 9-2-1 所示，介绍包装设计所涉及的知识点及制作技巧。

1. 制作化妆品内瓶包装

（1）Logo 图标的绘制

① 按下 <Ctrl+N> 快捷键，新建一个宽、高均为 500 像素，分辨率为 300 像素 / 英寸，颜色模式为 "RGB 颜色" 的白色背景文件，命名为 "Logo"。选择工具箱的渐变填充工具 ，给背景填充 RGB（225，170，170）到 RGB（225，170，170）的线性渐变色。选择工具箱的涂抹工具，将背景色随意涂抹，达到图 9-2-2 所示效果。

图 9-2-1 化妆品包装

② 新建图层，选择工具箱的椭圆选区工具 ，绘制一个椭圆，填充颜色 RGB（56，153，197），如图 9-2-3 所示。

图 9-2-2 背景

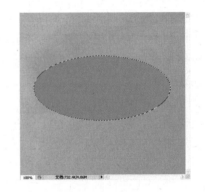

图 9-2-3 蓝色椭圆

③ 新建图层，在选区内填充白色，按下 <Ctrl+D> 快捷键，取消选区。按下 <Ctrl+T> 快捷键，将白色椭圆等比例缩小一点，按下 <Enter> 键确认。再稍微调整白色椭圆的位置，两个椭圆的位置如图 9-2-4 所示。

④ 新建图层，选择工具箱的矩形选框工具 ，绘制一个矩形，并填充颜色 RGB（56，153，197），取消选区，如图 9-2-5 所示。

⑤ 选择工具箱的文本工具 ，设置颜色为 RGB（0，53，77），字体为 "Arial"，大小为 "33 点"，输入字母 "DOTA"，如图 9-2-6 所示。

⑥ 右击该文本图层，选择 "栅格化文字" 命令，按住 <Ctrl> 键，单击文字图层，将文字载入选区，如图 9-2-7 所示。

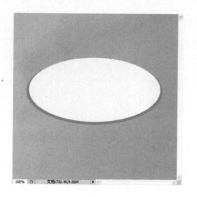

图 9-2-4　两个椭圆

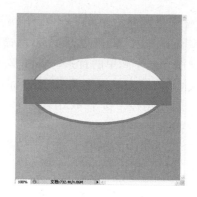

图 9-2-5　矩形

图 9-2-6　文字

图 9-2-7　文字载入选区

　　⑦ 选择工具箱的矩形选框工具 ，单击"从选区减去"按钮 ，将蓝色矩形以外的选区减去，并填充白色，如图 9-2-8 所示。

　　⑧ 取消选区。将除背景图层以外的全部图层合并，即可得到一个简单又大方的 Logo 图标，如图 9-2-9 所示。

图 9-2-8　减少选区

图 9-2-9　Logo 效果图

（2）化妆品内瓶包装的制作

化妆品内瓶包装的立体效果如图 9-2-10 所示。

① 新建一个宽高为 10 cm × 8 cm，分辨率为“300”，颜色模式为“RGB 颜色”的白色背景文件,命名为“内瓶包装”。用上述方法制作一个简单的背景，如图 9–2–11 所示。

② 选择工具箱中的钢笔工具，通过单击和拖曳绘制瓶身轮廓的封闭路径，按下 <Ctrl+Enter> 快捷键，将路径转换为选区，如图 9–2–12 所示。

③ 选择工具箱中的渐变填充工具，给选区填充 RGB（225，170，170）到白色的线性渐变色，取消选区，如图 9–2–13 所示。

④ 新建图层。选择工具箱中的钢笔工具，通过单击和拖曳绘制一条曲线，将路径转换为选区，填充白色到透明的线性渐变，制作瓶身的高光部位，如图 9–2–14 所示。

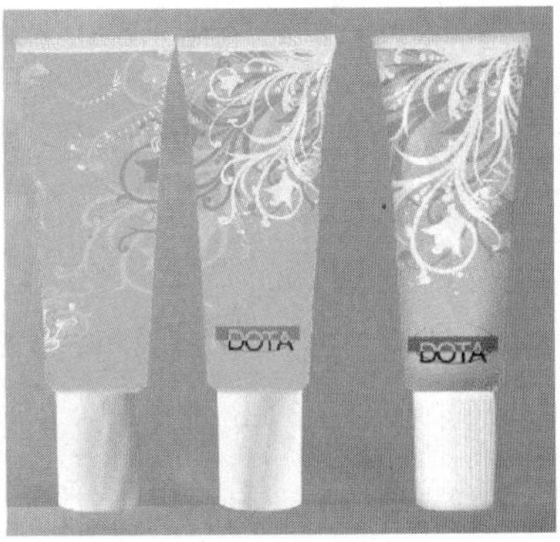

图 9–2–10　内瓶包装

图 9–2–11　背景

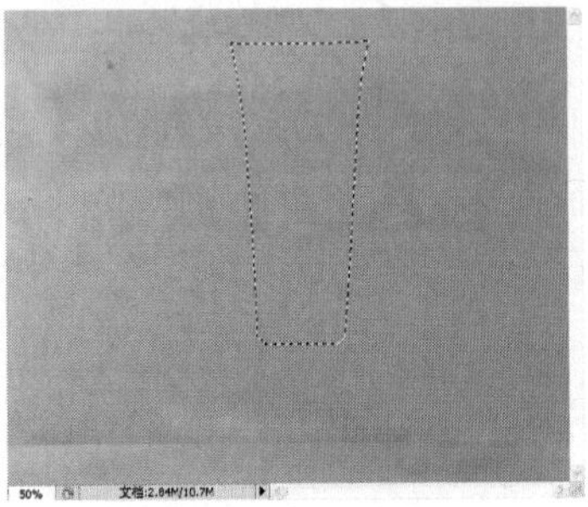
图 9–2–12　瓶身轮廓

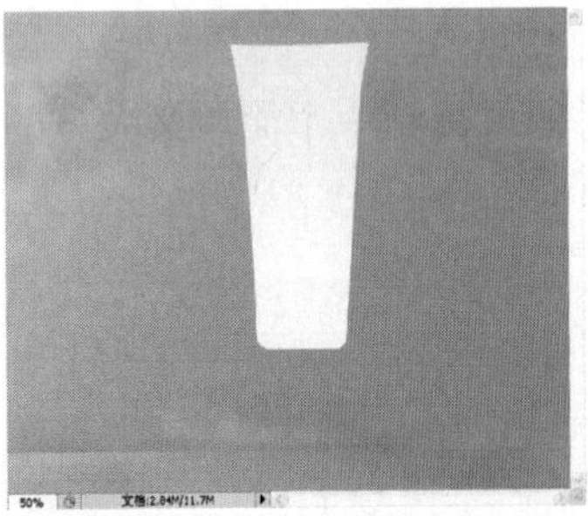
图 9–2–13　渐变填充

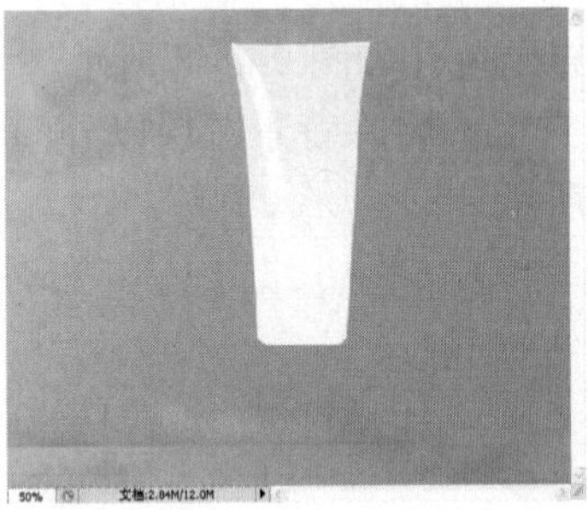
图 9–2–14　一条高光线

⑤ 按下 <Ctrl+J> 快捷键，将该图层复制一层，得到另一条高光线，执行“编辑→变换→水平翻转”命令，将新的高光线调整至图 9–2–15 所示位置。

⑥ 选择工具箱中的钢笔工具，通过单击和拖曳绘制瓶盖轮廓的封闭路径，将路径转换为选区，填充 RGB（225，170，170）到白色的线性渐变色。将路径转换为选区，填充如图 9–2–16 所示。

⑦ 新建图层，选择工具箱中的画笔工具，大小为“4”，颜色从 RGB（227，227，227）到白色渐变，从左到右在选区内画直线，如图 9–2–17 所示。

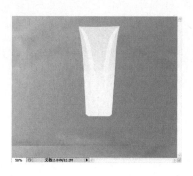

图 9-2-15　两条高光线

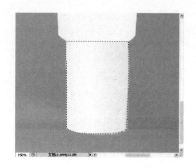

图 9-2-16　两条高光线

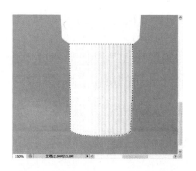

图 9-2-17　直线

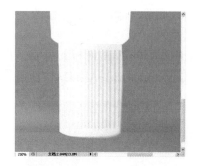

图 9-2-18　瓶盖

⑧ 执行"选择→变换选区"命令，将选区范围缩小，按下 <Ctrl+Shift+I> 快捷键反选，按下 <Delete> 键。取消选区，得到图 9-2-18 所示的瓶盖纹理效果。

⑨ 新建图层。选择工具箱中的钢笔工具 ，通过单击和拖曳绘制瓶尾轮廓的封闭路径，将路径转换为选区，填充颜色为 RGB（237，237，237），如图 9-2-19 所示。

⑩ 用绘制瓶盖纹理效果的方法制作瓶尾纹理，取消选区，如图 9-2-20 所示。

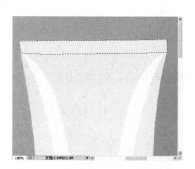

图 9-2-19　瓶尾

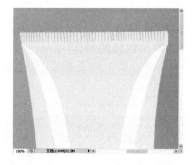

图 9-2-20　瓶尾纹理

⑪ 为使瓶身更显立体感，将瓶身所在的图层重新载入选区，选择工具箱中的加深工具 ，在其工具选项栏中设置"范围"为"高光"，"曝光度"为"7%"，在瓶身边缘处进行涂抹，如图 9-2-21 所示。

⑫ 取消选区。打开素材"蓝花 .jpg"，选择工具箱中的移动工具 ，将蓝花图层拖曳到"化妆瓶"文件中。将瓶身所在的图层重新载入选区，如图 9-2-22 所示。

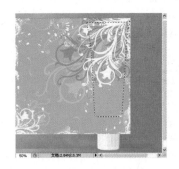

图 9-2-21　边缘加深　　　　　　　　　　图 9-2-22　放入图案

⑬ 反选，删除多余的图案。修改"图层样式"为"正片叠底"，"填充"为"80%"，如图 9-2-23 所示。

⑭ 添加制作好的 Logo 图标，并将"Logo"图层的"图层样式"设置为"正片叠底"，选择任一图层，按下 <Shift+Ctrl+Alt+E> 快捷键，盖印所有图层。化装瓶的制作完成，如图 9-2-24 所示。

图 9-2-23　修改图层样式　　　　　　　　图 9-2-24　完成图

（3）制作化妆瓶正面及背面展开图

在化妆瓶的正面输入文字内容，并放入条形码，如图 9-2-25 所示。

2. 化妆品外盒包装的制作

下面详细介绍化妆品外盒包装的展开图及立体图的制作方法，效果如图 9-2-26 所示。

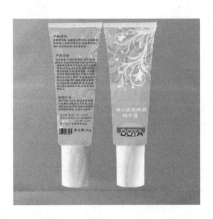

图 9-2-25　展开图　　　　　　　　　　　图 9-2-26　外盒包装

（1）新建一个宽度为 8 cm，高度为 15 cm，分辨率为 300 像素 / 英寸，颜色模式为"RGB 颜色"的白色背景文件，命名为"外盒包装展开图"。按下 <Ctrl+R> 快捷键，打开标尺视图，拖曳出几条参考线，如图 9-2-27 所示。

（2）选择工具箱中的矩形选框工具 [ ]，新建图层，绘制一个矩形选区，填充颜色为 RGB（212，72，138），用相同方法绘制出另一个侧面，如图 9-2-28 所示。

（3）打开素材"蓝花 .jpg"，选择工具箱中的移动工具 ▶⊕，将蓝花图案拖曳到"外盒包装展开图"文件中，调整大小及位置，将外盒所有的面覆盖住，如图 9-2-29 所示。

 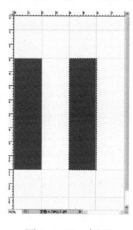 

图 9-2-27　参考线　　　　　图 9-2-28　侧面　　　　　图 9-2-29　图案

（4）选择工具箱中的矩形选框工具 [ ]，单击"添加到选区"按钮 ⬚，在图案上选出两个矩形选区，反选，删除多余图案，取消选择，如图 9-2-30 所示。

（5）选择工具箱中的圆角矩形工具 ▢，按下"路径"按钮 ⬚，设置"半径"为"40"，绘制四个圆角矩形路径，将路径转换为选区，如图 9-2-31 所示。

（6）选择工具箱中的矩形选框工具 [ ]，单击"从选区减去"按钮 ⬚，将蓝色图案区域的选区减去，新建图层，填充灰色 RGB（214，214，214），如图 9-2-32 所示。

图 9-2-30　四个面　　　　　图 9-2-31　载入选区　　　　　图 9-2-32　灰色矩形

（7）为化妆盒添加条形码

① 新建一个文件，设置宽度为 250 像素，高度为 150 像素，分辨率为 300 像素 / 英寸，颜

色模式为"RGB 颜色",设置背景色为白色,前景色为黑色。

② 新建图层,选择工具箱中的画笔工具,设置"硬度"为"100","大小"为"1px",按住 <Shift> 键,画一条水平的直线,如图 9-2-33 所示。

③ 执行"滤镜→杂色→添加杂色"命令,弹出"添加杂色"对话框,设置数量为"400",勾选"平均分布"、"单色"选项。单击"确定"按钮,得到图 9-2-34 所示效果。

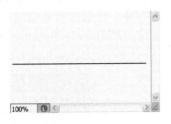
图 9-2-33 画直线

图 9-2-34 添加杂色

④ 按下 <Ctrl+T> 快捷键,把直线拉开成长方形,按 <Enter> 键,如图 9-2-35 所示。

⑤ 选择工具箱中的矩形选框工具 [ ],框选条形码的下面部分,删除,再用文字工具,输入文字"7585686865865",合并可见图层。条形码的制作完成,如图 9-2-36 所示。

图 9-2-35 条形码图

图 9-2-36 添加数字

(8)打开制作好的条形码,选择工具箱中的移动工具 ▶⊕,将条形码移至"外盒包装展开图"文件的图像内,调整大小和位置,如图 9-2-37 所示。

(9)打开制作好的 Logo 图标,选择工具箱中的移动工具 ▶⊕,将条形码移至"外盒包装展开图"文件的图像内,重命名各图层。将 Logo 的大小及位置调整好,执行"图像→调整→色相/饱和度"命令,弹出"色相/饱和度"对话框,设置"色相"值为"126"。外盒包装的制作完成,如图 9-2-38 所示,最后保存文件。

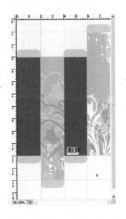
图 9-2-37 放条形码

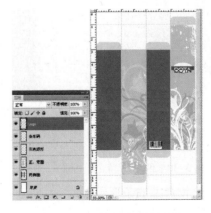
图 9-2-38 外盒展开效果图

（10）将外盒展开图调整为立体效果

① 立体效果中有些面是看不见的，因此可以将这些面删除。选择工具箱中的矩形选框工具 [ ]，选取不需要显示的面，删除，如图 9-2-39 所示。

② 将条形码、Logo 图层分别与对应的外盒面所在的图层进行合并，如图 9-2-40 所示。

③ 选择工具箱中的矩形选框工具 [ ]，选取外盒侧面，执行"编辑→变换→透视"命令，用鼠标拉出效果，如图 9-2-41 所示。

图 9-2-39 .删除面

图 9-2-40 合并图层

④ 右击，选择"缩放"命令，调整侧面的宽度，按下 <Enter> 键，取消选择，如图 9-2-42 所示。

⑤ 用相同的方法调整外盒正面的透视效果，合并除背景外的所有图层，如图 9-2-43 所示，化妆品外盒包装的立体效果便调整好，保存为"外盒包装立体图"。

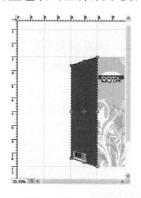

图 9-2-41 透视

图 9-2-42 侧面效果

图 9-2-43 正面效果

3. 化妆品手袋包装制作

下面详细介绍化妆品手袋包装展开图和立体图的制作方法，如图 9-2-44 所示。

（1）新建一个宽度为 16 cm，高度为 8 cm，分辨率为 300 像素 / 英寸，颜色模式为"RGB 颜色"的白色背景文件，命名为"手袋包装展开图"。打开标尺视图，拖曳出几条参考线，如图 9-2-45 所示。

（2）选择矩形选框工具 [ ]，新建图层，框选出手袋的 4 个矩形面，分别填充颜色 RGB（8，119，106）和 RGB（118，203，219），注意一个面一个图层，如图 9-2-46 所示。

图 9-2-44 手袋包装

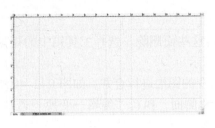

图 9-2-45　参考线

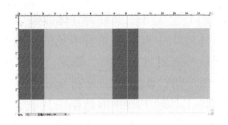

图 9-2-46　填充

（3）将正面图层载入选区，设置前景色为 RGB（118，203，219），背景色为 RGB（178，237，251），执行"滤镜→渲染→云彩"，背面效果制作方法相同，如图 9-2-47 所示。

（4）打开制作好的 Logo 图标，选择工具箱中的移动工具 ►⊹，将 Logo 图标拖曳至"手袋包装展开图"文件的图像中，调整大小及位置。执行"图像→调整→色相 / 饱和度"命令，弹出"色相 / 饱和度"对话框，设置"色相"值为"-17"，如图 9-2-48 所示，手袋包装展开图的制作完成，最后保存。

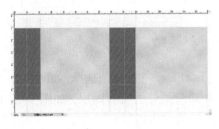

图 9-2-47　滤镜

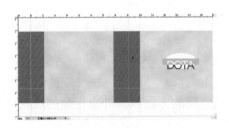

图 9-2-48　调整色相

（5）接下来，制作手袋的立体图。新建一个宽、高为 14 cm，分辨率为 300 像素 / 英寸，颜色模式为"RGB 颜色"的白色背景文件，命名为"手袋包装立体图"。选择工具箱中的矩形选框工具 □，新建图层，填充 RGB（5，7，9）至 RGB（83，111，111）的渐变色，再次框选一个矩形，填充白色至 RGB（24，59，61）的渐变色，得到图 9-2-49 所示的背景。

（6）将"手袋包装展开图"中的正面、侧面及 Logo 图像，用移动工具 ►⊹ 拖曳至"手袋立体图"文件中，合并正面与 Logo 图层，再拉出几条参考线，如图 9-2-50 所示。

图 9-2-49　背景

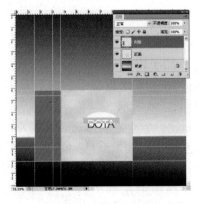

图 9-2-50　参考线

（7）将侧面调整成透视效果，如图 9-2-51 所示。

（8）为侧面制作一个折痕。选择工具箱的钢笔工具 ，绘制图 9-2-52 所示的形状。

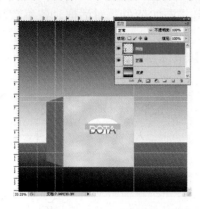

图 9-2-51 侧面透视

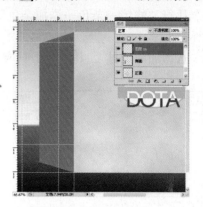

图 9-2-52 折痕形状

（9）将路径转换为选区，填充颜色 RGB（15，139，124），取消选择，如图 9-2-53 所示。

（10）新建一个路径图层，用同样的方法，再制作另一个折痕，填充颜色 RGB（5，100，89），如图 9-2-54 所示。

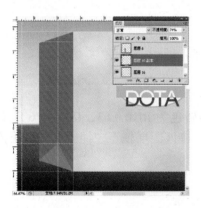

图 9-2-53 折痕颜色

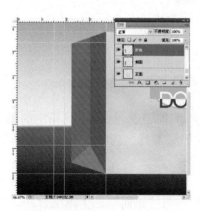

图 9-2-54 折痕

（11）用调整侧面的方法调整正面的透视效果，如图 9-2-55 所示。

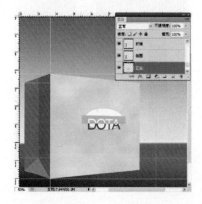

图 9-2-55 正面透视

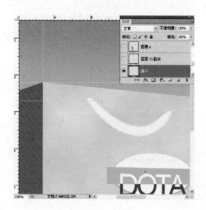

图 9-2-56 绳子

（12）选择工具箱中的钢笔工具 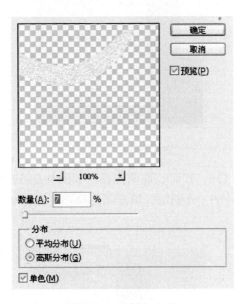，勾出绳子形状，转换成路径，填充颜色 RGB（232，248，251），取消选区，如图 9-2-56 所示。

（13）执行"滤镜→杂色→添加杂色"命令，弹出"添加杂色"对话框，各参数设置如图 9-2-57 所示。

（14）选择加深工具 和减淡工具 ，将绳子涂抹成立体效果，如图 9-2-58 所示。

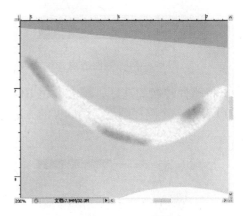

图 9-2-57　添加杂色　　　　　　　　　图 9-2-58　立体绳子

（15）新建图层，选择工具箱中的画笔工具 ，颜色为 RGB（63，184，176），接合选择工具箱的加深工具、减淡工具，绘制一条绳子阴影，将该图层拖至"绳子"图层下方，如图 9-2-59 所示。

（16）执行"视图→清除参考线"命令，将"折痕"图层与"侧面"图层合并，将"绳子"、"绳子阴影"与"正面"三个图层合并，如图 9-2-60 所示。

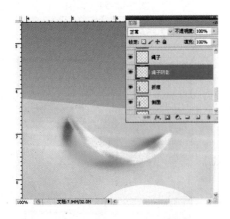

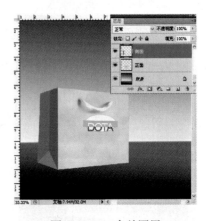

图 9-2-59　绳子阴影　　　　　　　　　图 9-2-60　合并图层

（17）按下 <Ctrl+J> 快捷键，将侧面图层复制一层，执行"编辑→变换→垂直翻转"命令，如图 9-2-61 所示。

（18）将"侧面副本"图层移至"侧面"图层下方。然后执行"编辑→变换→扭曲"命令，将两个侧面的底边重合，如图 9-2-62 所示。

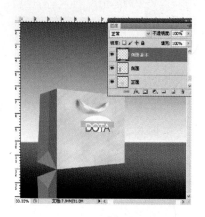

图 9-2-61 复制侧面

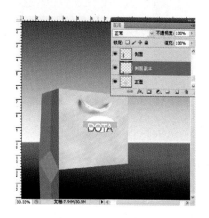

图 9-2-62 侧面倒影

（19）用相同的方法制作一个正面倒影，如图 9-2-63 所示。

（20）将正面和侧面的倒影图层合并，按下"以快速蒙版模式编辑"按钮 ，进入快速蒙版模式，选择工具箱中的渐变工具 ，由上至下创建一个黑色到透明的线性渐变，所图 9-2-64 所示。

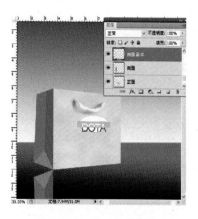

图 9-2-63 正面倒影

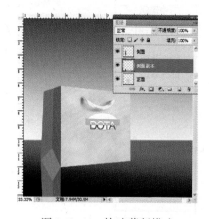

图 9-2-64 快速蒙版模式

（21）再次单击"以快速蒙版模式编辑"按钮 ，退出快速蒙版模式，按下 <Delete> 键清除选区内容，得到最终效果，如图 9-2-65 所示。一个漂亮又简单的手袋包装立体效果便做好。

（22）合并除背景以外的所有图层。打开"内瓶包装"和"外盒包装立体图"两个文件，用鼠标将图像分别拖曳至"手袋包装立体图"文件的图像内，将对应的图层进行重命名，如图 9-2-66 所示。

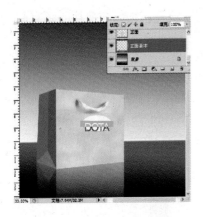

图 9-2-65 立体手袋完成图

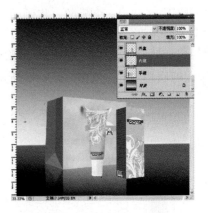

图 9-2-66 放置物品

（23）双击"内瓶"图层，打开"图层样式"对话框，设置"投影"，颜色为RGB（29，114，107），如图9-2-67所示。

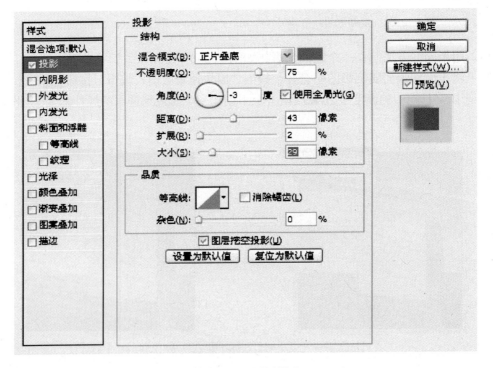

图 9-2-67 图层样式

（24）右击"内瓶"图层，选择"复制图层样式"，单击"外盒"图层，选择"粘贴图层样式"，即可将"内瓶"中的图层样式应用于"外盒"图层中，最后再制作倒影，还可再添加多一些图像，如图9-2-68所示。

【实训练习】

请读者选择合适素材，或自画图形，完成软件包装盒的设计，要求主题明确、构图及色彩

图 9-2-68　完成图

运用合理、主体形象突出。范例参考如图 9-2-69 所示。

　　主要操作步骤如下：

　　（1）创建一个 500 像素 ×500 像素的新文件，颜色模式为 RGB 颜色，背景颜色为白色，打开标尺，在水平和垂直方向上各拉出两条合适的参考线。

　　（2）制作包装盒的正面

　　使用矩形选框工具创建一个矩形选区，然后创建一个新图层，在新图层中使用渐变工具拉出一个线性渐变效果，颜色为 RGB（43，158，2）到 RGB（227，255，0）。

　　（3）制作盒子的一个侧面

图 9-2-69　软件包装盒的设计

　　新建一个图层，用矩形选框工具的"从选区减去"功能，切掉右边大部分的选区。在剩下的选区内从右向左创建黑色到透明的线性渐变效果，并降低图层的不透明度至 40%。

　　（4）新建一个图层，使用白色的画笔工具画出一些不规则的线段，执行"滤镜→扭曲→波纹"命令，数量为"900%"，"大"，并将不透明度降低至 40%。

　　（5）制作包装盒的 Logo "神马"。

　　将 Logo 素材打开，抠出图中的海马，并进行白色描边，"2 像素"，将制作好的"神马"Logo 分别放入包装盒正面和侧面的合适位置，再制作一个倒影，调整大小及不透明度。使用文本工具在包装盒的正面及侧面输入文字。

　　（6）制作一个简单的条形码，并放入侧面底部。

　　（7）将除背景图层以外的图层全部合并。使用矩形选框工具选取包装盒的正面，执行"编辑→变换→透视"命令，将包装盒的正面调整成透视效果。

　　（8）为包装盒的正面制作一个倒影，再使用"变换→斜切"工具，调整底边使之相贴合。使用同样的方法为侧面制作透视效果及倒影。

　　（9）将正面和侧面的倒影图层合并，打开快速蒙版模式，使用渐变工具由上至下创建一个黑色到透明的线性渐变，退出快速蒙版模式，按下 <Delete> 键清除选区内容，再清除参考线，软件盒包装制作完成。

任务 3 "点播系统"软件界面设计

【实战演练】

根据提供的素材，完成图 9-3-1 所示的一套软件界面。

本案例的任务是设计一套"点播系统"软件界面。以紫红色调为主，黑色、蓝绿色为辅，应用渐变、路径、图层样式、图层混合模式、滤镜、画笔等，结合图层蒙版设计界面效果。紫

安装界面

功能界面

启动、版权界面

图 9-3-1　界面效果

红色与黑色形成较强烈的对比，使得界面更加时尚、眩目，反映出"点播"这个主题的热情和功能的多样化。

1. 安装界面的设计

（1）启动 Photoshop CS5，执行"文件→新建"命令，新建一个 1 039 像素 ×709 像素，分辨率为 120 像素 / 英寸的文件。单击"确定"按钮显示文件窗口。

（2）新建图层，填充黑色。双击图层，弹出"图层样式"对话框，添加"渐变叠加"及"图案叠加"样式。参数设置如图 9-3-2 所示。

（3）执行"滤镜→渲染→光照效果"命令，设置图 9-3-3 的参数，对图层添加光照效果。

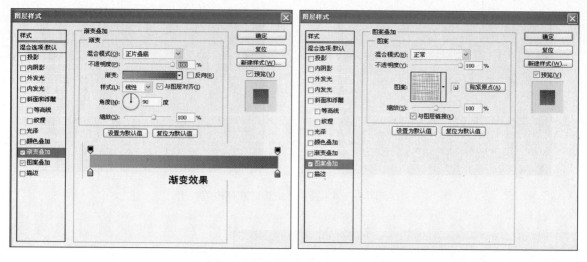

图 9-3-2 "渐变叠加"及"图案叠加"参数

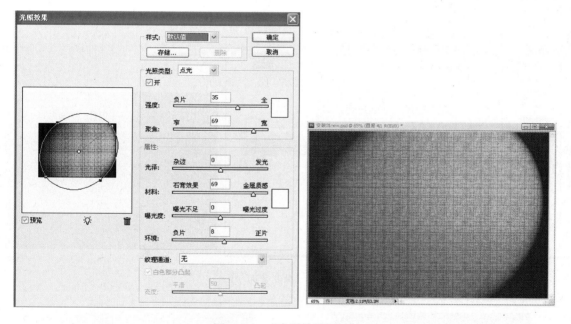

图 9-3-3 "光照效果"滤镜

（4）选择圆角矩形工具绘制圆角矩形路径，将路径生成选区后，为选区描边，"2 像素"，"白色"，效果如图 9-3-4 所示。添加"渐变叠加"样式。参数如图 9-3-5 所示。

（5）选择圆角矩形工具绘制圆角矩形路径，如图 9-3-6 所示，选中工具选项栏上的"添加到路径区域"按钮 🔲，选择矩形工具绘制矩形路径，如图 9-3-7 所示。按下 <Ctrl+Enter> 快捷键将路径生成上方为圆角、下方为直角的选区，如图 9-3-8 所示。

（6）填充选区为黑色，添加"渐变叠加"样式制作界面标题栏，参数设置如图 9-3-9 所示。

（7）用同样的方法绘制上方为直角、下方为圆角的路径，生成选区后填充白色，并绘制"1 像素"的灰色直线，效果如图 9-3-10 所示。

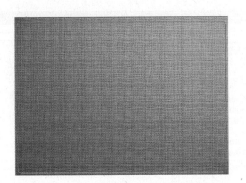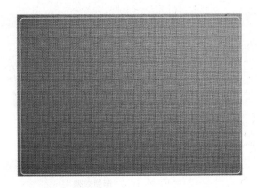

图 9-3-4　路径生成选区并描边

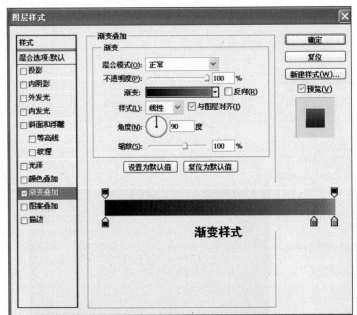

图 9-3-5　"渐变叠加"样式

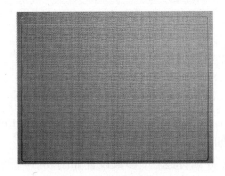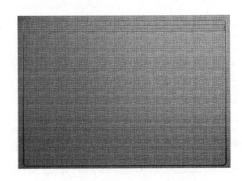

图 9-3-6　"圆角矩形"路径　　　　　图 9-3-7　添加"矩形"路径

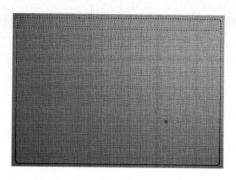

图 9-3-8　上方为圆角下方为直角的选区

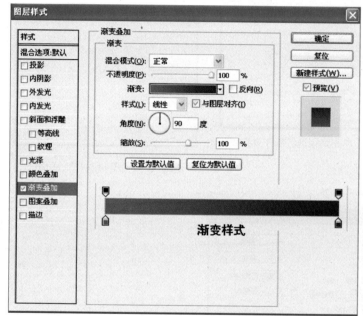

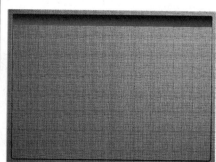

图 9-3-9　上方为圆角、下方为直角的选区

（8）添加浅粉色矩形，并用不同透明度画笔涂抹出效果，添加不同的白色音乐符号，如图 9-3-11 所示。拖动"Logo"素材到当前文件，放在合适的位置，并为其添加倒影效果，如图 9-3-12 所示。

（9）绘制图 9-3-13（a）所示的路径，填充颜色并调整透明度后效果如图 9-3-13（b）所示。

（10）用路径相加的方法绘制路径，并生成图 9-3-14 所示的上方为直角、下方为圆角的选区，填充白色。添加"渐变叠加"样式，如图 9-3-15 所示。

（11）绘制图 9-3-16（a）所示的两条路径，填充颜色并调整透明度后制作出飘带效果，如图 9-3-16（b）所示。

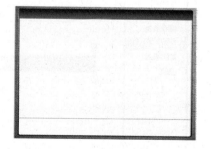

图 9-3-10　添加白色区域

 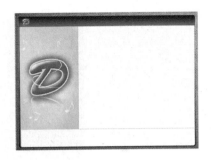

图 9-3-11　添加区域及效果　　　　　　　图 9-3-12　添加素材及效果

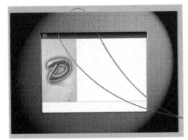  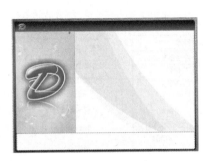

（a）绘制路径　　　　　（b）填充路径选区制作效果

图 9-3-13　绘制路径并填充路径选区　　　　图 9-3-14　绘制路径生成选区

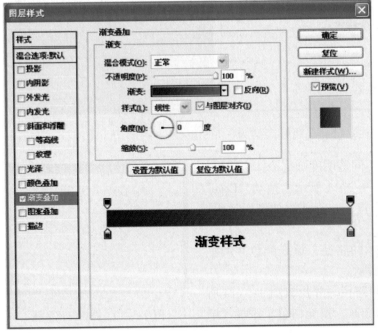 

图 9-3-15　"渐变叠加"样式

（a）绘制路径

（b）填充路径选区制作效果

图 9-3-16　绘制路径并填充路径选区

（12）用画笔添加图 9-3-17 所示的圆点效果。

（13）在标题栏绘制白色椭圆，添加"斜面和浮雕"、"渐变叠加"及"描边"图层样式后，制作出按钮效果，添加"还原"、"最大化"及"关闭"按钮符。如图 9-3-18 所示。

图 9-3-17　添加画笔圆点效果

绘制白色椭圆　　　　　　　　　　　添加样式制作按钮效果

绘制其他按钮符

图 9-3-18　制作"还原"、"最大化"及"关闭"按钮

（14）用同样的方法制作出图 9-3-19 所示的按钮。添加文字及图层样式后，最终效果如图 9-3-20 所示。

图 9-3-19　制作按钮效果

（15）用同样方法可以制作出图 9-3-21 所示的第二个安装界面效果。

图 9-3-20　安装界面最终效果　　　　　　　图 9-3-21　第二个安装界面

2. 启动界面的设计

（1）启动 Photoshop CS5，执行"文件→新建"命令，新建一个 756×425 像素，分辨率为 120 像素/英寸，背景色为白色的文件。新建图层，选择圆角矩形工具绘制图 9-3-22 所示的黑色圆角矩形。

（2）给矩形图像添加"投影"及"渐变叠加"图层样式，如图 9-3-23 所示。

图 9-3-22　黑色圆角矩形　　　　　　　　图 9-3-23　添加图层样式

（3）将制作安装界面时的飘带效果拖动到当前图像，调整后效果如图 9-3-24（a）所示。将 Logo 素材拖动到当前图像，并制作它的倒影，调整后效果如图 9-3-24（b）所示。

（a）添加飘带效果　　　　　　　（b）添加 Logo 并制作倒影

图 9-3-24　添加飘带和 Logo 并制作倒影

（4）添加适当的文字信息，启动界面完成效果如图 9-3-25 所示。

3. 功能界面的设计

（1）启动 Photoshop CS5，执行"文件→新建"命令，新建一个 1 440×900 像素，分辨率为 120 像素/英寸，背景色为白色的文件。单击"确定"按钮显示文件窗口。拖入素材生成"图层 1"图层，调整后效果如图 9-3-26 所示。

图 9-3-25　启动界面效果

（2）隐藏"图层 1"图层，建立新图层"图层 2"，绘制图 9-3-27 所示的黑色圆角矩形。将图层的"不透明度"调整为"60%"，添加"描边"图层样式，参数设置如图 9-3-28 所示，

图 9-3-26　软件背景效果　　　　　　　图 9-3-27　绘制黑色圆角矩形

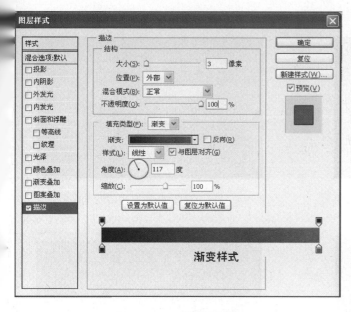

图 9-3-28　"描边"样式

图 9-3-29　"描边"效果

显示"图层 1"图层，当前的半透明底板效果如图 9-3-29 所示。

（3）复制"图层 2"生成"图层 2 副本"，隐藏"图层 1"和"图层 2"。调整"图层 2 副本"的"不透明度"为"100%"，"填充"为"0%"。为"图层 2 副本"再添加"外发光"样式。为"图层 2 副本"添加蒙版，制作出发光的边缘效果。各效果如图 9-3-30 所示。显示所有图层，制作的发光底板的当前效果如图 9-3-31 所示。

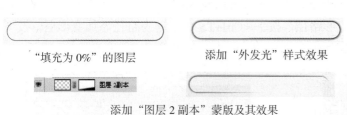

"填充为 0%"的图层　　　　　添加"外发光"样式效果

添加"图层 2 副本"蒙版及其效果

图 9-3-30　制作发光边缘

图 9-3-31　当前的发光底板效果

（4）用同样的方法制作另一块底板。先制作"不透明度"为"60%"，添加"描边"图层样式的半透明圆角矩形底板，如图 9-3-32 所示。再复制多一层，添加蒙版制作边缘的发光效果，如图 9-3-33 所示。

（5）用同样的方法制作右边的底板效果，如图 9-3-34 所示。

（6）选择圆角矩形工具 ，选中工具选项栏中的"路径"选项 ，设置半径为"65px"。绘制图 9-3-35 所示的圆角矩形路径。按下 <Ctrl+T> 快捷键为路径添加

图 9-3-32　半透明"描边"底板

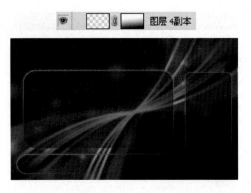

图 9-3-33 添加蒙版后当前的发光底板效果　　　图 9-3-34 添加蒙版后右边的发光底板效果

图 9-3-35 绘制圆角矩形路径　　　　　　　　图 9-3-36 变形调整路径

变形框，按下 \<Shift+Ctrl+Alt\> 快捷键向左水平拖曳变形框左上角的控制点，将其进行透视变形，如图 9-3-36 所示。

（7）选择"矩形选框工具"，选中工具选项栏中的"路径"选项、"从形状区域中减去"选项，绘制图 9-3-37 所示的矩形路径。按下 \<Ctrl+T\> 快捷键为路径添加变形框，按下 \<Shift+Ctrl+Alt\> 快捷键向左水平拖曳变形框右下角的控制点，如图 9-3-38 所示。

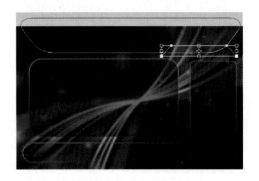

图 9-3-37 绘制矩形路径　　　　　　　　　图 9-3-38 变形调整路径

（8）当前路径效果如图 9-3-39（a）所示，按下 \<Ctrl+Enter\> 快捷键，将路径作为选区载入，如图 9-3-39（b）所示，填充为黑色。取消选区，用前述的方法制作这块底板效果，如图 9-3-40 所示。

（a）当前路径效果 （b）载入路径选区

图 9-3-39 载入当前路径选区

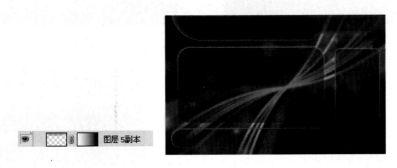

图 9-3-40 当前底板效果

（9）选择"路径选择工具" ，选中路径如图 9-3-41（a）所示。选择工具选项栏中的"交叉形状区域"按钮 ，再次选中另一条路径，如图 9-3-41（b）所示。单击工具选项栏上的"组合"按钮 ，生成图 9-3-42 所示的路径。

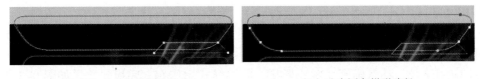

（a）选中直角梯形路径 （b）选中圆角梯形路径

图 9-3-41 选中路径

图 9-3-42 生成组合路径

（10）载入路径选区后，填充黑色，添加图层样式效果如图 9-3-43 所示。

（11）在界面上画出图 9-3-44 所示的几条直线，添加蒙版后生产两头渐隐的光线，如图 9-3-45 所示。

图 9-3-43　图层样式效果

图 9-3-44　绘制直线

图 9-3-45　添加蒙版

（12）在系统形状中选择合适的形状，添加图层样式，制作上方底板及下方底板的按钮效果，如图9-3-46所示。

（13）绘制一个圆角矩形，添加图层样式后制作主功能按钮，如图9-3-47所示。

（14）绘制路径如图9-3-48（a）所示，载入路径选区，如图9-3-48（b）所示。按下 <Shift+Ctrl+Alt>快捷键后，单击主功能按钮所示的"图层缩略图"，生成图9-3-48（c）所示的交叉选区。将选区"羽化""5"

图 9-3-46　制作上下方底板的按钮

像素，新建图层，填充选区为白色，调整"不透明度"为"30%"，取消选区后生成按钮的反光效果如图9-3-48（d）所示。

（15）复制多个按钮，调整排列后主功能底板效果如图9-3-49（a）所示。在系统形状中选择合适的形状，添加图层样式制作效果如图9-3-49（b）所示。

（16）应用路径、动态画笔、系统形状、图层样式制作右方底板，效果如图9-3-50所示。添加文字与Logo后主功能界面效果如图9-3-51所示。

（17）在主功能界面的基础上，制作辅助功能效果，如图9-3-52所示。

图 9-3-47　制作主功能按钮

（a）绘制路径

（b）载入路径选区

（c）生成交叉选区

（d）按钮反光效果

图 9-3-48 按钮设置

（a）主功能底板按钮

（b）主功能底板效果

图 9-3-49 主功能底板

图 9-3-50 右方底板效果

图 9-3-51 主功能界面效果

点歌功能 影片欣赏功能

图 9-3-52 辅助功能界面

4. 版权信息界面的设计

（1）启动 Photoshop CS5，执行"文件→新建"命令，新建一个 800 像素 ×450 像素；"分辨率"为 120 像素 / 英寸；背景色为白色的文件。

（2）在新图层建立一个正圆选区，填充为 50% 的灰色，描边为"黑色"、"2px"，如图 9-3-53 所示。隐藏"白色"背景图层，拖曳矩形选框选择该圆形，如图 9-3-54 所示。执行"编辑→定义画笔预设"命令将该圆形定义为画笔。

 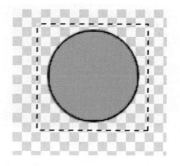

图 9-3-53 建立描边灰色圆形 图 9-3-54 自定义画笔

（3）设置该自定义画笔的"动态画笔"，填充背景色为黑色。新建图层后拖动出图 9-3-55（a）所示的不同大小的圆形。为圆形图层添加"角度"为"0°"的黄色到绿色的"渐变叠加"图层样式 渐变：⬚⬚⬚⬚⬚⬚⬚▾，效果如图 9-3-55（b）所示。设置图层的"不透明度"为"28%"。

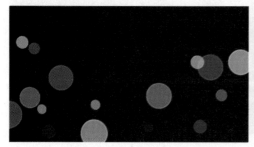 

（a）动态画笔画出不同大小的圆形 （b）"渐变叠加"样式效果

图 9-3-55 圆形图层设置

（4）新建图层后用白色画笔画出图9-3-56(a)所示的不同大小的形状。为该图层添加"角度"为"0°"的红色到蓝色的"渐变叠加"图层样式 渐变：▢，效果如图9-3-56（b）所示。设置图层的"不透明度"为"66%"。

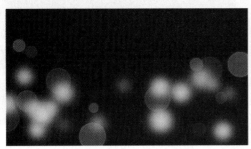 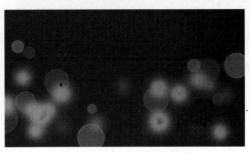

（a）画笔画出大小形状　　　　　　　　　　（b）"渐变叠加"样式效果

图9-3-56　添加不同大小的形状并设置

（5）新建图层后设置白色柔角画笔的动态画笔，画出图9-3-57（a）所示的不同大小的圆形。为该图层添加"角度"为"0°"的红色到橙色的"渐变叠加"图层样式 渐变：▢，效果如图9-3-57（b）所示。设置图层的"不透明度"为"30%"。

 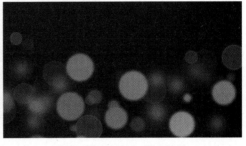

（a）动态柔角画笔画出不同大小的圆形　　　　（b）"渐变叠加"样式效果

图9-3-57　动态柔角画笔设置不同大小的圆形

（6）新建图层后调整不同大小、不同透明度的红色柔角画笔，涂抹出图9-3-58（a）所示的效果。执行"滤镜→模糊→动感模糊"命令，执行"45°"角度，"240"像素距离的模糊效果如图9-3-58（b）所示。设置图层的"不透明度"为"80%"。

（a）柔角画笔涂抹效果　　　　　　　　　　（b）"动感模糊"效果

图9-3-58　涂抹效果及"动感模糊"效果

（7）绘制路径制作飘带效果，如图 9-3-59 所示。

（8）添加文字，添加 Logo 及其倒影效果，版权信息界面效果如图 9-3-60 所示。

图 9-3-59　路径制作飘带效果

图 9-3-60　版权信息界面效果

【实训练习】

设计制作管理软件的"登录界面"及"功能界面"，范例参考如图 9-3-61 所示。

登录界面

管理员功能界面

普通用户功能界面

图 9-3-61　管理软件界面

主要操作步骤如下。

1. 登录界面

（1）新建一个大小为 500 像素 × 450 像素，分辨率为 72 像素／英寸，背景内容为白色的文件，将背景填充为浅蓝色到深蓝色的径向渐变。

（2）新建图层，应用路径工具绘制路径，生成选区后填充不同深浅的蓝色，调整不同的透明度，制作背景右上方的线条效果。复制图层后，调整放在左下方形成线条效果。

（3）新建图层，选择画笔工具，选择"柔角"画笔，定义动态画笔后，在图层上拖动生成大小圆点，设置图层不透明度为 30%。新建图层，分别选择"柔角"画笔和"交叉排线"画笔画出星星效果。